W0033513

braumüller

Marcus Wadsak

Klimawandel

Fakten gegen Fake & Fiction

Unter Mitarbeit von Georg Renöckl

braumüller

**Besuch von Bundespräsident Alexander Van der Bellen
in der ORF-Wetterredaktion im Herbst 2019**

Ich habe Marcus Wadsak im ORF-Studio besucht und war beeindruckt von seiner Arbeit als Meteorologe und Fernsehmoderator. Er kann die Zusammenhänge von Wetter und Klimakrise wirklich gut erklären.
Alexander Van der Bellen

Inhalt

IV. Was können wir tun?

V. Schlusspunkt

Einleitung

Vielleicht fragen Sie sich gerade, wie der Wettermann aus dem Fernsehen eigentlich dazu kommt, über das Klima zu reden und sogar ein Buch darüber zu schreiben.

Nun, der Klimawandel beschäftigt mich seit 1990. In diesem Jahr habe ich mit dem Studium der Meteorologie begonnen, und die Klimatologie ist ein Teil davon. Im Lauf meines Berufslebens entschied ich mich dann zwar für das Wetter, interessierte mich aber weiterhin für das Klima und seine Veränderungen. Deren Folgen hatte ich schließlich bereits als Student zu spüren bekommen, als ich in der ersten Hälfte der 1990er-Jahre während der Ferien als Bademeister jobbte. Es waren die ersten Sommer, besonders 1992 und 1994, mit ungewöhnlich vielen Hitzetagen, jedenfalls im Vergleich zu früher. Mir ist das sehr zugutegekommen, da ich viele Überstunden machen konnte: Die Bäder waren von früh bis spät voll, und ich verdiente richtig gut. Was wir damals als extrem erlebt haben, ist jedoch aus heutiger Sicht schon wieder normal.

Das Thema Klimawandel fühlte sich vor etwa dreißig Jahren für die meisten Menschen räumlich und zeitlich noch sehr weit weg an. Man sah immer wieder Bilder von abgemagerten Polarbären auf dahinschmelzenden Eisschollen und wusste, dass uns das eines Tages noch beschäftigen würde. Als besonders dringend oder nahe empfanden wir das jedoch nicht.

2006 habe ich meinen ersten Vortrag über den Klimawandel gehalten. Gelegentlich hört man ja, es würde bei solchen Gelegenheiten Katastrophenstimmung oder so etwas wie eine „Klimapanik" verbreitet. Ein Blick auf meine

Unterlagen von einst zeigt, dass das Gegenteil der Fall ist: Die Studien, auf die ich mich bei der Vorbereitung gestützt hatte, waren sogar sehr vorsichtig und keineswegs übertrieben. Sie stammten vom IPCC (Intergovernmental Panel on Climate Change), auch Weltklimarat genannt. Dieser wurde ins Leben gerufen, um den wissenschaftlichen Forschungsstand zum Klimawandel, dessen Ursachen und Folgen zusammenzutragen. Diese Zusammenfassungen dienen weltweit der Politik und der Wirtschaft als Entscheidungsgrundlage. Die regelmäßig erscheinenden Sachstandberichte des IPCC gelten als glaubwürdigste Darstellungen zum Thema. Dafür wurde ihm 2007 sogar der Friedensnobelpreis verliehen.

Der IPCC hat sehr konservativ geschätzt, wie die globale Erwärmung ablaufen würde: Was wir heute messen, liegt am oberen Rand des damaligen Vorhersagebereichs.

Im Lauf der Jahre sind das Interesse an Vorträgen und der Wunsch nach mehr Informationen zum Klimawandel ständig größer geworden, in den letzten drei Jahren ist die Nachfrage regelrecht explodiert. Ich könnte heute mehr als einen Vortrag pro Woche halten – dabei haben sich die Inhalte seit 2006 eigentlich kaum verändert: Die Prognosen waren da, die Auswirkungen waren klar, und wir kannten bereits die Möglichkeiten, wie man das Schlimmste hätte verhindern können.

Das heißt: Alles, worüber wir heute viel intensiver und dringlicher diskutieren müssen, wissen wir seit vielen Jahren. Es hat aber sehr lange gedauert, bis das Thema endlich in der Öffentlichkeit angekommen ist. Durch die späte Reaktion haben wir wertvolle Zeit verstreichen lassen, in der wir bereits das Richtige hätten tun können. Es würde uns heute sehr helfen.

Mittlerweile beginnen wir die Auswirkungen des menschengemachten Klimawandels schon bei uns in Österreich und überall in Mitteleuropa zu spüren. Berichte über die oft dramatischen Folgen der Erwärmung der Atmosphäre finden fast täglich ihren Platz in den Medien.

Ich sehe heute eine meiner Aufgaben darin, die Kommunikation zum Thema Klimawandel zu verbessern und meinen Beitrag dazu zu leisten. Daher habe ich vor drei Jahren eine internationale Plattform zum Austausch mit meinen Kolleginnen und Kollegen auf der ganzen Welt mitgegründet. Sie heißt *Climate without Borders* und ist ein Netzwerk von TV-Meteorologinnen und Meteorologen sowie Wettermoderatorinnen und Wettermoderatoren – gemeinsam haben wir täglich etwa 375 Millionen Zuseherinnen und Zuseher. Wir wollen das Bewusstsein für das Klima stärken und eine breite öffentliche Unterstützung für Klimaschutzmaßnahmen schaffen. Fernsehmeteorologen erfreuen sich großer Popularität, erreichen viele Menschen und haben eine hohe Glaubwürdigkeit. Dazu können sie ihren Zuseherinnen und Zusehern komplexe Zusammenhänge verständlich und anschaulich erklären. Climate without Borders hat Mitglieder auf allen Kontinenten dieser Erde und führt zu einem regen Austausch von Erfahrungen, aktuellen Ereignissen und Best-Practice-Beispielen für eine gelungene Klimakommunikation.

Sehr erfreulich finde ich, dass sich nun auch vermehrt junge Menschen an der Diskussion beteiligen. Einen bedeutenden Beitrag leisten Greta Thunberg und die „Fridays for Future"-Bewegung: Schülerinnen und Schüler kommen jetzt mit ihren Sorgen und Forderungen nach Hause, und die Eltern müssen mit ihnen reden. Es ist ein wichtiges Gespräch, das dadurch zwischen den Generationen begonnen hat.

Das Jahr 2019 wurde von weltweiten Klimademonstrationen geprägt. Es war aber auch für mich persönlich ein aufregendes Jahr. Schon im Frühjahr durfte ich beim Austrian World Summit in der Wiener Hofburg vor über zehntausend Menschen über den Klimawandel sprechen.

Dieses jährlich stattfindende Gipfeltreffen wird vom Netzwerk R20 Regions of Climate Action organisiert, bei dem 560 regionale und subnationale Regierungen gemeinsam daran arbeiten, ihren Energieverbrauch und Ausstoß von Treibhausgasen zu reduzieren.

Auf der Bühne standen auch António Gutierrez, Arnold Schwarzenegger und Greta Thunberg. Wenig spä-

Mit voller Kraft gegen den Klimawandel

ter hat mich Bundespräsident Alexander Van der Bellen vor seiner Abreise zum Klimagipfel nach New York besucht, um auch mein Know-how dorthin mitzunehmen.

In die Diskussion um den Klimawandel ist in den letzten beiden Jahren also viel Bewegung gekommen. Gleichzeitig ist es schwierig geworden, an gute Informationen zu gelangen. Man findet im Internet unendlich viel zum Thema – viel Gutes, aber auch einiges Irreführende, darunter bewusst gestreute Falschinformation. Es ist für einen Laien oft schwierig, Richtig von Falsch zu unterscheiden. Auch persönliche Erinnerungen verzerren manchmal die Wirklichkeit. Weiße Weihnachten bleiben uns dauerhaft im Gedächtnis, selbst wenn es sie nur einmal gegeben hat – wir glauben dann, es war immer so. Und der eine oder andere Sommer war in Wirklichkeit gar nicht so heiß, wie man es doch ganz sicher erlebt zu haben meint. Sogar mit Zahlen, Daten und Fakten ist es oft schwer, gegen fest verankerte Erinnerungen anzukommen.

Das Buch, das Sie nun in Händen halten, soll Ihr bereits vorhandenes Wissen zum Klimawandel ergänzen und Ihnen dabei helfen, in der Diskussion um den Klimawandel, seine Ursachen und seine Folgen den Überblick zu behalten sowie gesicherte Informationen von Un- und Halbwahrheiten zu unterscheiden. Es steht auf der Grundlage der besten und aktuellsten Erkenntnisse der Wissenschaft, ist dabei aber kompakt und – hoffentlich! – leicht verständlich. Es ist als Gesprächsbasis für jedermann und jedefrau gedacht – denn vom Klimawandel betroffen sind wir schließlich alle.

Es wird wärmer.

2018

„Das Wetter spielt verrückt." Sehr oft hörte ich in den letzten Jahren diesen Satz, und er stimmt: Wir erleben immer häufiger Dinge, die es noch nie zuvor gegeben hat. Zum Beispiel im Jahr 2018, einem aus meteorologischer Sicht in vielerlei Hinsicht bemerkenswerten Jahr. Zum einen, was die Zahl der Sommertage betrifft. So nennen wir Meteorologen – unabhängig von der tatsächlichen Jahreszeit – Tage mit über 25° C. Im Jahr 2018 hatten wir in Andau

Temperaturabweichung
vom Klimamittel 1901–2000

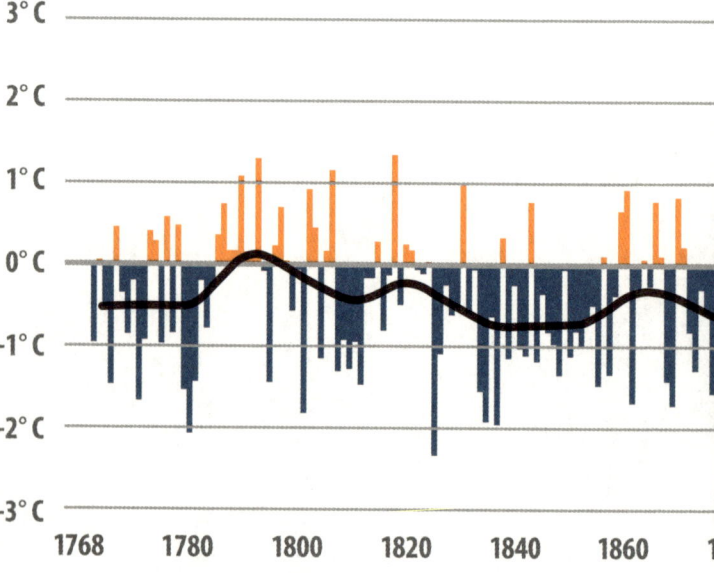

im Burgenland 127 solche Tage. Der alte österreichische Rekord, gemessen in Leibnitz im Jahr 2003, lag bei 120 Tagen. Das bedeutet, wir hatten 2018 eine ganze Woche Sommer mehr als im Hitzesommer vor 15 Jahren – und der war ja auch schon alles andere als normal. Ähnliches ließ sich an anderen Orten beobachten: Eisenstadt hat im langjährigen Durchschnitt 66 Sommertage, im Jahr 2018 waren es 110. Das ist nicht ein bisschen mehr, das ist gewaltig.

2018 hielt aber noch einige Verrücktheiten mehr bereit: Im Februar und im März gab es echte Kältewellen,

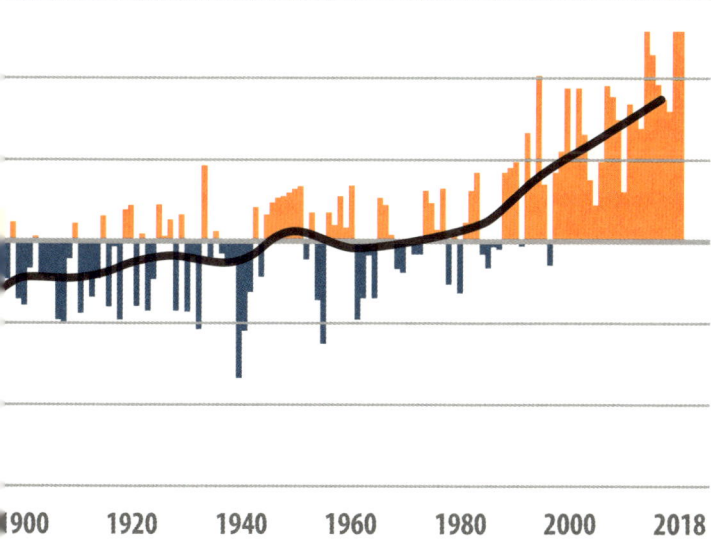

1900   1920   1940   1960   1980   2000   2018

einmal bin ich auf dem Neusiedler See ins Eis eingebrochen. Wenig später, am 2. April, hat eine durchgehende Wärmephase bis in den November hinein begonnen, ein unendlich langer Sommer. In Eisenstadt betrug die Temperaturabweichung vom Mittel 2° C, doch nicht nur im Burgenland war es zu heiß. Es war in Österreich im Jahr 2018 ausnahmslos überall zu warm. Manche Gebiete lagen sogar bis 2,7° C über dem Schnitt, etwa der Donauraum oder das Weinviertel. Keine einzige Region wies in diesem Jahr eine unterdurchschnittliche Temperatur auf. Damit hat sich 2018 an die Spitze gesetzt: Es war das wärmste Jahr in der 250-jährigen Messgeschichte.

Bei meinen Vorträgen zum Klimawandel höre ich erstaunlich oft den Satz: „Das hat es doch früher auch schon gegeben." Nun, neue Rekorde bedeuten schlicht und ergreifend das Gegenteil, nämlich: „Das hat es so noch nie zuvor gegeben." Was wir gerade erleben, ist etwas, das weder wir noch sonst jemand in den letzten 250 Jahren in Österreich erlebt hat: Es gab ganz einfach noch nie ein Jahr, das so warm war wie 2018. Es ist mir wichtig, das hier zu Beginn des Buches in aller Deutlichkeit zu sagen, und das sollten Sie auch im Hinterkopf behalten.

Rekorde am laufenden Band

Wenn Sie sich die obige Grafik mit der Temperaturentwicklung über die letzten 250 Jahre anschauen, dann sehen Sie, dass sich die längste Zeit über warme und kalte Jahre abwechseln und die Temperaturen mit geringen

Abweichungen um ein wohldefiniertes Mittel pendeln. Im Jahr 2000 hat sich das radikal geändert. Seither gibt es nur noch Jahre, die überdurchschnittlich warm sind. Auf meine Familie und mich übertragen, heißt das etwa Folgendes: Meine beiden älteren Kinder, die 1999 und 2000 geboren sind, haben noch nie ein durchschnittliches Jahr in Österreich erlebt. Jedes einzelne Jahr in ihrem Leben, das mittlerweile auch schon an die zwanzig Jahre dauert, war überdurchschnittlich warm. Zum Vergleich: 1975, als ich vier Jahre alt war, hatte es an keinem einzigen Tag in Wien 30 °C. Das ist zwar das einzige Jahr in dieser Zeitreihe, doch in meiner Kindheit war es normal, dass die Temperatur an rund zehn Tagen 30° C erreichte, das war dann schon ein guter Sommer. Mittlerweile leben wir in einer Zeit mit über 35 heißen Tagen, an denen es 30° C und mehr hat.

Schauen wir uns jetzt die zehn wärmsten Jahre in Österreich an:

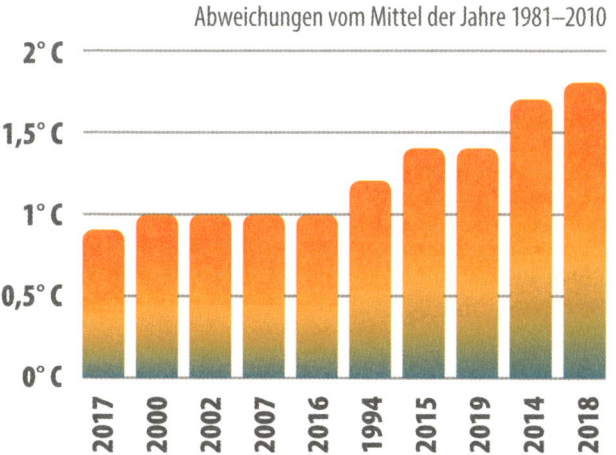

Abweichungen vom Mittel der Jahre 1981–2010

Von diesen zehn Rekordjahren sind neun seit 2000 aufgetreten, nur eines davor: 1994, und das ist auch nicht so lange her.

Wenn Sie also, die Sie jetzt dieses Buch lesen, fünfundzwanzig Jahre oder älter sind, dann haben Sie die zehn wärmsten Jahre, die es in Österreich jemals gegeben hat, miterlebt.

2019

2019 hat sich dieser Trend auf dramatische Weise fortgesetzt, gleich im Februar wurden neue Rekorde aufgestellt:

NEUE FEBRUARREKORDE

Österreich/Güssing	24,2° C
Belgien/Dourbes	22° C
Großbritannien/Kew Garden	21,2° C
Niederlande/Arcen	20,5° C
Luxemburg/Flughafen	19,8° C
Schweden/Karlshamn	16,7° C

Noch nie war es in Österreich im Februar so warm wie in Güssing mit 24,2° C. Wir waren damit nicht allein: Rekordtemperaturen wurden in diesem Februar 2019 europaweit gemessen, und zwar in Belgien, den Niederlanden, in Luxemburg, Großbritannien und Schweden.

Man kann es nur wiederholen: Wir erleben derzeit extreme Wetterereignisse und Temperaturen, die es noch nie zuvor gegeben hat. Auch der März, der diesem außergewöhnlichen Februar folgte, war deutlich zu warm – mit ihm endete die wärmste 12-Monate-Messperiode der Geschichte.

Nie zuvor war es durchgehend so warm wie in den Monaten von April 2018 bis März 2019. Sogar der Jänner 2019 mit seinen Schneemassen war überdurchschnittlich warm, die Temperatur lag 0,5° C über dem Schnitt. Erst der Mai 2019 lief gegen den Trend: Er war zu kalt und zu nass, das ist vielen noch in Erinnerung. Darauf folgte aber gleich wieder ein Juni, der alles in den Schatten gestellt hat, und zwar mit einer Temperaturabweichung von +4,7° C. Es sind also massenhaft Rekorde gefallen, es war der heißeste, trockenste und sonnigste Juni der Messgeschichte.

Der Juni 2019 brachte einen Rekord an Tropennächten, das sind Nächte in denen es nicht unter 20°C abkühlt, in der Wiener Innenstadt waren es dreizehn. Und auch bei den Hitzetagen gab es eine neue Höchstmarke: 17 heiße Tage mit über 30° C in Innsbruck, 16 in Wien und Bad Goisern. Bisher lag der Spitzenwert bei 15 Hitzetagen, gemessen im Juni 2003 in Haiming in Tirol und in Leibnitz in der Steiermark.

Im Juni 2019 war es an vielen Orten Österreichs wärmer als je zuvor, einschließlich der üblichen Hitzemonate Juli und August. Es purzelten zahlreiche Allzeitrekorde, es war heißer als in den heißesten Hochsommern von früher. Der Juni 2019 war alles in allem ein Monat, der so außergewöhnlich war, dass sogar mir fast die Worte fehlen.

Junirekorde 2019
an österreichischen Wetterstationen

- ◯ Messstationen ohne Rekorde
- 🟡 Messstationen mit neuen Junirekorden
- 🟠 Messstationen mit Allzeitrekorden

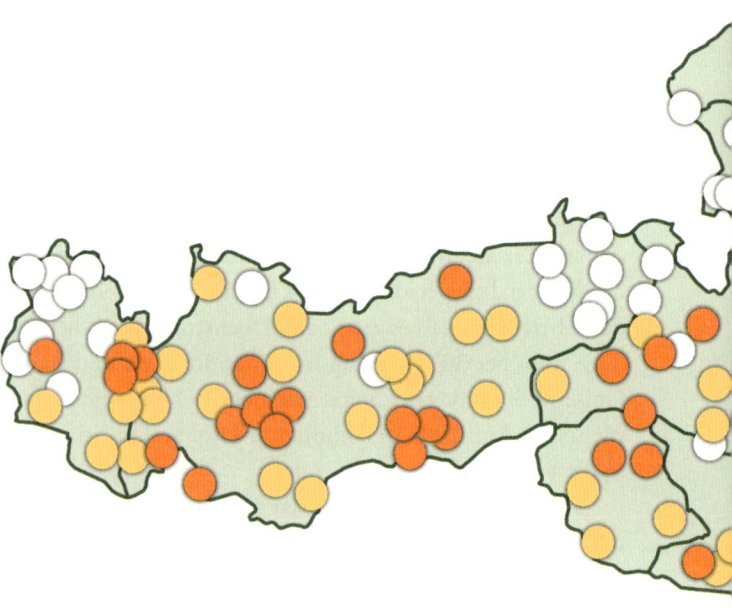

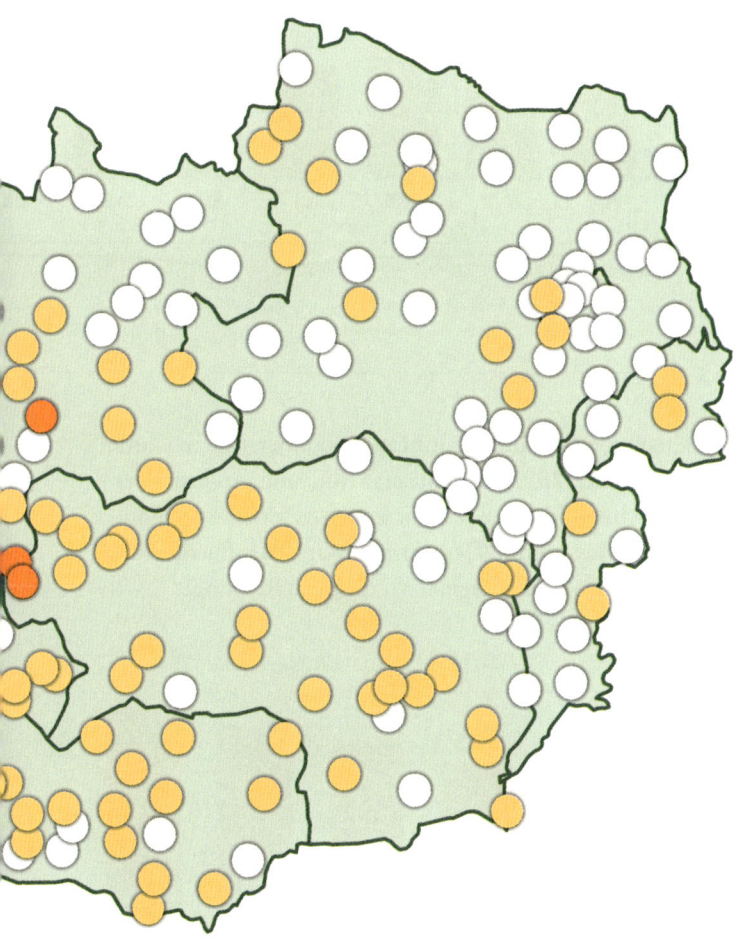

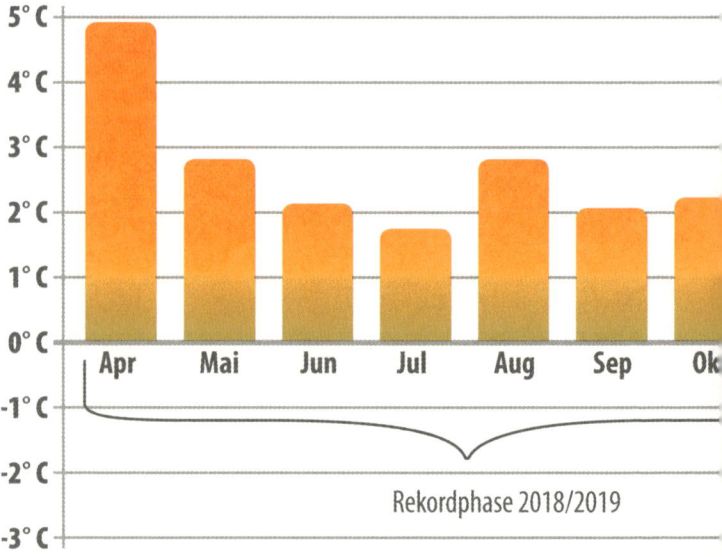

Meteorologisch zählt der Juni zum Sommer, und so wurde der Sommer 2019, in dem auch Juli und August überdurchschnittlich heiß waren, zum zweitwärmsten Sommer seit Messbeginn. Der wärmste war 2003. Bei den fünf wärmsten Sommern ergibt sich folgende Reihung:

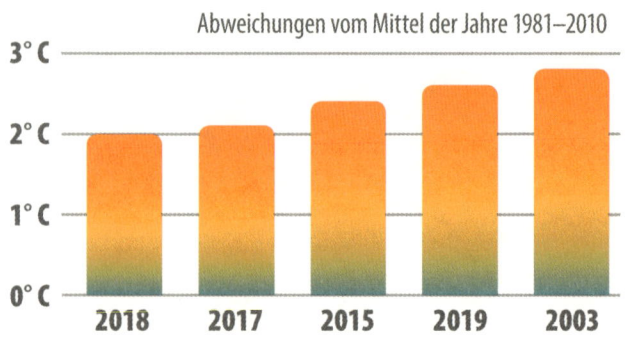

Abweichungen vom Mittel der Jahre 1981–2010

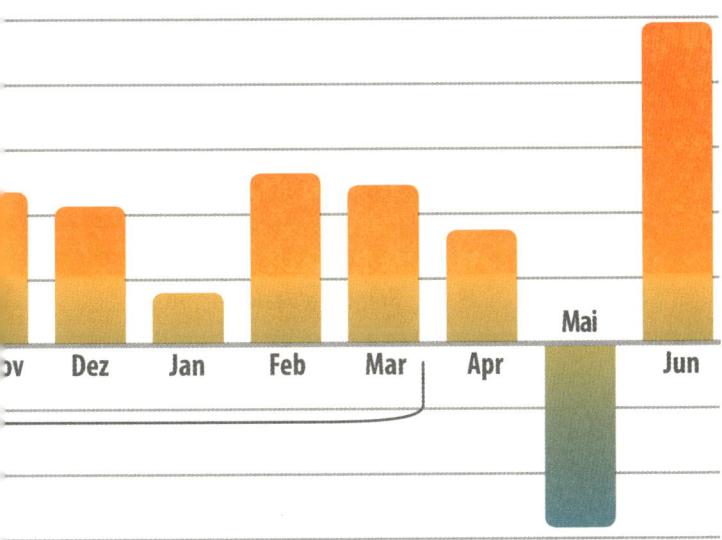

Diese Häufung von warmen Monaten, Jahreszeiten und Jahren ist also nicht zu übersehen, sie ist signifikant.

2019 blieb es nicht bei einem besonders heißen Sommer. Auch der Oktober war außergewöhnlich warm, mit zum Beispiel 27,6° C in Graz, und das sehr spät, nämlich am 20. Oktober. Wir staunten auch über einen Sommertag in Wien am 23. Oktober. Zur Erinnerung: Ein Sommertag ist ein Tag mit über 25° C, damals hatte es genau 25,4° C. Das ist so spät im Jahr noch nie zuvor in Wien vorgekommen. Die Gastgärten waren voll, es lag eine Sommerstimmung über der Stadt – nur hatten wir eben eigentlich Oktober.

2019 maß man nicht nur in Österreich Rekordtemperaturen, sondern wie bereits erwähnt in vielen Teilen Europas. Die alten Rekorde wurden nicht knapp überboten, sondern vielmehr pulverisiert.

Juni-Hitzerekorde:

1. Hitzewelle 2019

Land	°C	Ort	am
Frankreich	46,0	Verargues	28.6.
Spanien	43,4	Lleida	29.6.
Italien	39,9	St. Martin i.P.	27.6.
Deutschland	39,6	Bernburg/Saale	30.6.

In Frankreich zeigte das Thermometer einer offiziellen Messstation bei der ersten Hitzewelle Ende Juni 46° C, das sind fast 2° C mehr als der alte Rekord. Bei der zweiten Hitzewelle wurde in Deutschland etwa der alte Hitzerekord von 40,5° C um 2,1° C übertroffen.

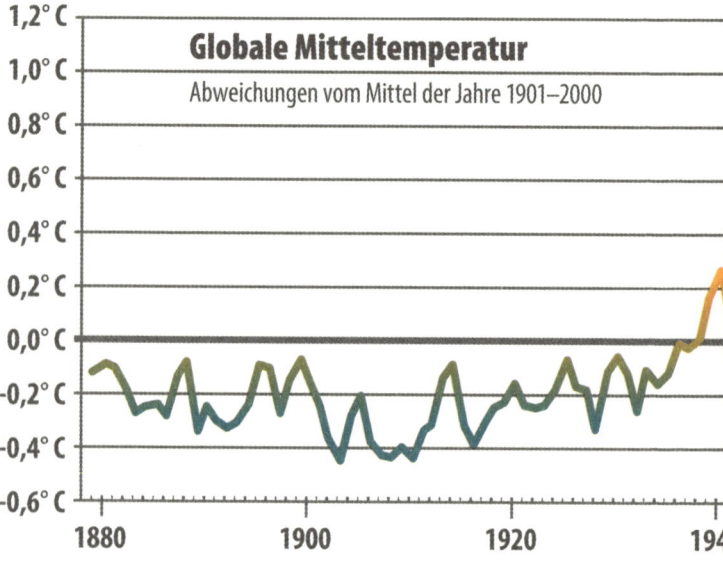

Globale Mitteltemperatur

Abweichungen vom Mittel der Jahre 1901–2000

Land	°C	Ort	am
Deutschland	**42,6**	**Lingen**	**25.7.**
Frankreich	**42,6**	**Paris**	**25.7.**
Belgien	**41,8**	**Begijnendijk**	**25.7.**
Niederlande	**40,7**	**Gilze-Rijen**	**25.7.**

Damals wurden erstmals in der Geschichte über 40° C in den Niederlanden und in Belgien gemessen. Auch das haben wir so noch nie erlebt.

Diesen Trend hin zu Extremen beobachten wir nicht nur in Österreich und Europa, sondern auch global:

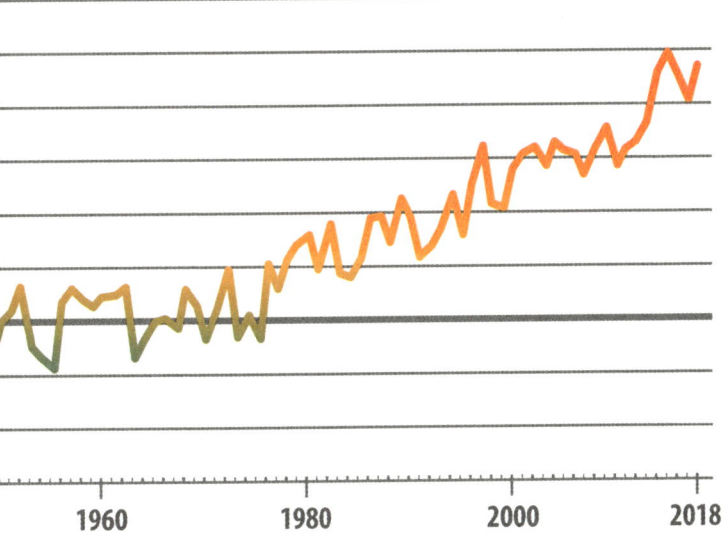

Die 6 wärmsten Jahre weltweit waren die letzten 6 Jahre

Abweichungen vom Mittel der Jahre 1901–2000

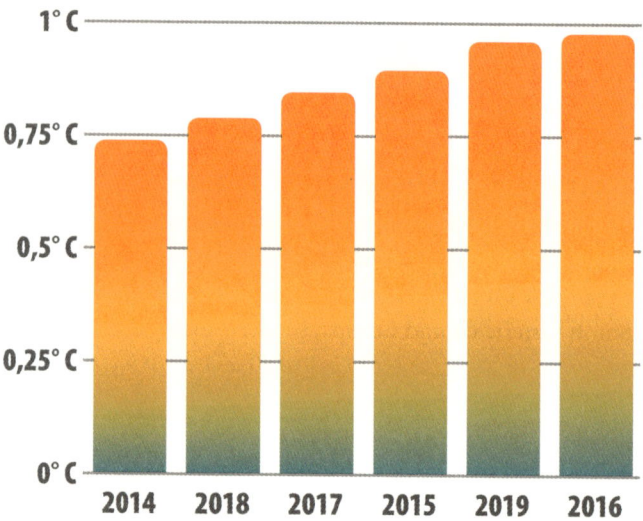

Weltweit gesehen, sind die letzten sechs Jahre die wärmsten sechs Jahre seit Messbeginn. 2019 liegt bei den globalen Temperaturen an zweiter Stelle.

Alles nur Zufall?

Könnte es sich um einen bloßen Zufall handeln, dass die wärmsten sechs der vergangenen hundert Jahre ausgerechnet die letzten sechs sind? Ich habe mir die Wahrscheinlichkeit eines solchen Zufalls ausgerechnet: Sie liegt etwa bei eins zu einer Milliarde. Der Physiker und Wissenschaftspublizist Florian Aigner übersetzt diese abstrakte Zahl in folgendes Bild: Stellen Sie sich vor, jemand steckt auf der Strecke von Wien nach Madrid eine durchgehende Linie von Stecknadeln in den Boden, Kopf an Kopf. Eine einzige davon ist aus Gold. Würden Sie nun mit verbundenen Augen diese über 1800 Kilometer lange Stecknadellinie entlanggehen und im Vorbeigehen zufällig eine beliebige Nadel aus dem Boden ziehen, dann beträgt die Wahrscheinlichkeit, dass Sie dabei die goldene erwischen, eins zu einer Milliarde.

Es ist also, vorsichtig formuliert, höchst unwahrscheinlich, dass es sich bei dieser Häufung der heißesten Jahre in der letzten Zeit um einen Zufall handelt. Das Wetter spielt nicht zufällig verrückt. Wir haben es verrückt. Wir nennen das den Klimawandel.

Warum wird es wärmer?

Der Treibhauseffekt

Sind Sie schon einmal an einem frostigen, aber sonnigen Tag in einem Wintergarten gesessen? Oder haben Sie einmal ein Gewächshaus aus Glas besucht? In beiden Fällen werden Sie bemerkt haben, dass es durch die Sonne und ganz ohne zusätzliche Heizung drinnen deutlich wärmer ist als draußen.

Glashäuser und Wintergärten werden schon seit Jahrhunderten als „Sonnenfalle" genutzt. Bereits im 16. Jahrhundert wurden Glashäuser als Gewächshäuser bzw. „Orangerien" zur Aufzucht von Pflanzen verwendet. Diese überdachten botanischen Gärten wurden freistehend oder

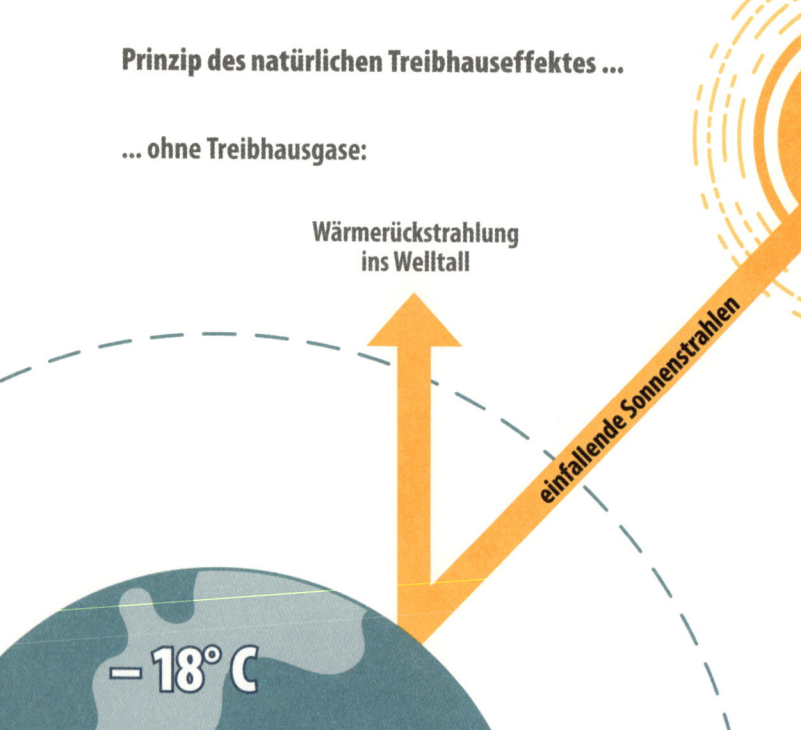

Prinzip des natürlichen Treibhauseffektes ...

... ohne Treibhausgase:

Wärmerückstrahlung ins Welltall

einfallende Sonnenstrahlen

−18° C

an die Häuser gebaut. Heute zählen Wintergärten zur normalen Ausstattung beim Hausbau. Auch Terrassen werden verglast, um die wärmende Wirkung in der kalten Jahreszeit genießen zu können.

Ein sehr ähnliches Phänomen sorgt dafür, dass sich unsere Erde erwärmt und auf unserem Planeten Temperaturen herrschen, die unser Leben erst möglich machen. Dieses physikalische Phänomen wird Treibhauseffekt genannt.

Die physikalischen Grundlagen des Treibhauseffekts sind im Prinzip sehr einfach und schon lange bekannt. Die Ähnlichkeit zu Wintergarten oder Glashaus ist folgende: Es kommt mehr Strahlung von der Sonne in den Wintergarten,

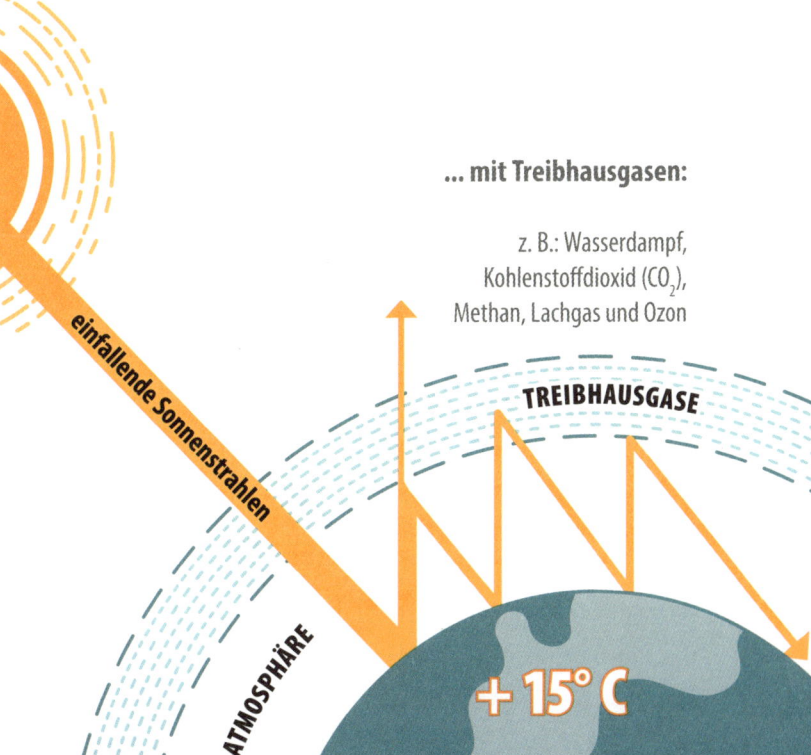

... mit Treibhausgasen:

z. B.: Wasserdampf, Kohlenstoffdioxid (CO_2), Methan, Lachgas und Ozon

einfallende Sonnenstrahlen

TREIBHAUSGASE

ATMOSPHÄRE

+ 15° C

ins Glashaus oder eben durch die Atmosphäre herein, als im Gegenzug wieder abgestrahlt werden kann. Durch die zurückbleibende Strahlung ist es im Wintergarten oder auf der Erde wärmer, als eigentlich zu erwarten wäre.

Gehen wir jetzt aus dem Wintergarten hinaus in die Natur und schauen uns den Treibhauseffekt, der unsere Erde wärmt, genauer an. Dieser Treibhauseffekt wurde bereits 1824 von Joseph Fourier entdeckt und 1896 vom schwedischen Physiker und Chemiker Svante Arrhenius – der später mit dem Chemienobelpreis ausgezeichnet wurde – genauer beschrieben. Er funktioniert so:

Von der Sonne kommt kurzwellige Strahlung auf die Erde. Es handelt sich hierbei um elektromagnetische Strahlung im sichtbaren Bereich, wir können die Sonnenstrahlen sehen. Diese kurzwellige Strahlung hat den Riesenvorteil, dass sie ungehindert durch die Atmosphäre dringt und fast vollständig an der Erdoberfläche ankommt. Hier wird sie in langwellige Wärmestrahlung umgewandelt. Diese Strahlen befinden sich im infraroten Wellenbereich und sind für uns Menschen nicht sichtbar. Die Erde wandelt also die kurzwellige Sonnenstrahlung in langwellige Wärmestrahlung um und schickt diese zurück nach oben. Die langwellige Wärmestrahlung kommt aber nicht so einfach durch unsere Atmosphäre hinaus wie die Sonnenstrahlung herein. Sie kann nur teilweise durch die Atmosphäre dringen. Ein Teil wird zurückgeworfen, und das erwärmt die Erde. Das ist der Treibhauseffekt. Den gab es schon immer, und er ist notwendig und gut: Ohne ihn hätte es auf unserer Erde eine mittlere Temperatur von -18° C. Durch den Treibhauseffekt beträgt die globale Mitteltemperatur hingegen rund +15° C –

der Treibhauseffekt macht also das Leben auf der Erde erst möglich, er sorgt für eine Erwärmung um 33° C.

Was hindert nun die langwellige Wärmestrahlung daran, so einfach durch die Atmosphäre auszutreten wie die Sonnenstrahlung hereinkommt? Es sind die sogenannten Treibhausgase. Zu diesen zählen Wasserdampf, Kohlenstoffdioxid (CO_2), Methan, Lachgas und Ozon. Sie absorbieren die von der Erde abgestrahlte Wärme und strahlen sie wiederum in alle Richtungen gleichmäßig ab. Ein Teil der von der Erde abgegebenen Wärme wird auf diese Weise wieder zurückgeschickt.

Wie wir den Treibhauseffekt verstärken

Der Treibhauseffekt ist wichtig, ohne ihn könnten wir nicht leben. Aber wir verstärken ihn. Vor allem fügen wir der Atmosphäre CO_2 und Methan hinzu.

Dies geschieht durch unterschiedliche Tätigkeiten wie etwa den Reisanbau, das Auftauen von Permafrostböden oder die Rinderzucht. Vor allem aber wird CO_2 bei der Verbrennung fossiler Energieträger freigesetzt. Dazu zählen Erdöl, Erdgas, Stein- und Braunkohle sowie Torf. Sie sind während Millionen von Jahren aus pflanzlichen Überresten wie Algen und Sumpfwäldern entstanden, die zuerst von Sand, Ton und anderen Sedimenten überlagert und dann unter Luftabschluss und hohem Druck bei hohen Temperaturen verdichtet wurden. In diesem umgewandelten pflanzlichen Material stecken gewaltige Mengen an CO_2.

Tagtäglich setzen wir auf vielerlei Arten große Mengen dieses eingelagerten CO_2 wieder frei: wenn wir etwa mit unseren Benzin- oder Dieselautos fahren oder beim Heizen mit Erdöl. CO_2 gelangt ebenso bei der Stromerzeugung durch Kohlekraftwerke sowie durch die Industrie in die Luft. Die Menge an vormals tief unter der Erde gespeichertem CO_2, die wir auf diese Weise pro Jahr in die Atmosphäre blasen, ist gigantisch, es sind über dreißig Gigatonnen. Das ist eine Zahl mit zehn Nullen: 30.000.000.000 Tonnen. Pro Jahr.

Ist das CO_2 einmal da, geht es nicht so schnell wieder weg. Etwa dreißig Prozent sind nach dreißig Jahren ab-

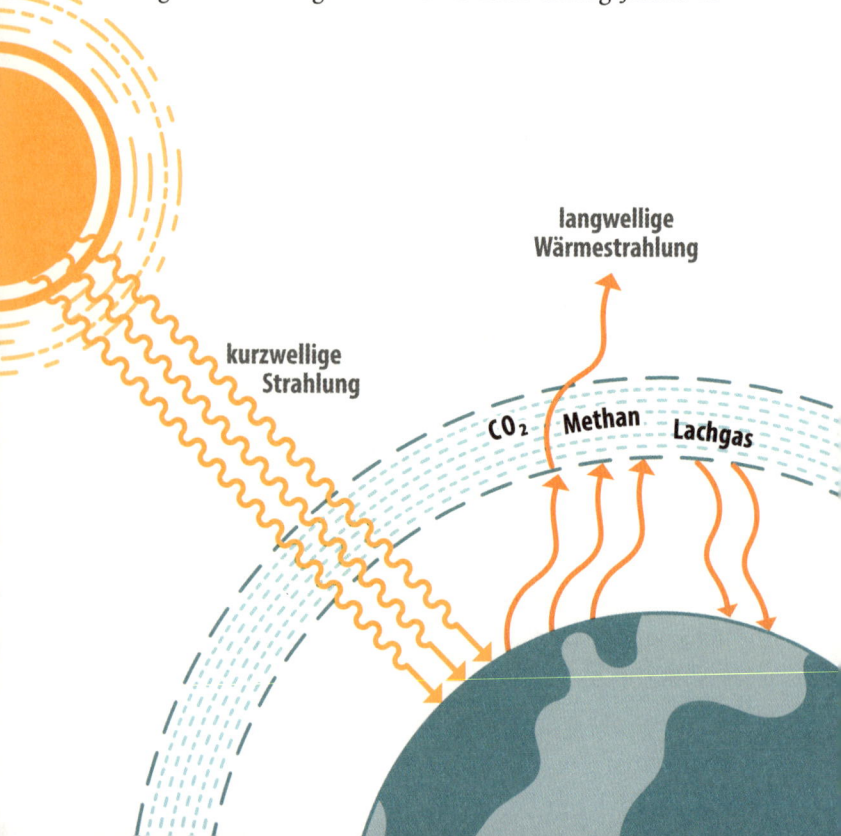

langwellige
Wärmestrahlung

kurzwellige
Strahlung

CO₂ Methan Lachgas

gebaut, weitere dreißig Prozent erst nach hundert Jahren. Das letzte Drittel bleibt sogar tausend Jahre lang in der Atmosphäre. Selbst wenn wir unsere CO_2-Produktion herunterfahren oder sogar stoppen, besteht das bereits vorhandene CO_2 noch ziemlich lange fort.

Moment mal, sagen Sie jetzt vielleicht, denn Sie haben schon einmal gehört, dass CO_2 nur ein Spurengas ist und nur einen verschwindend geringen Anteil unserer Atmosphäre ausmacht. Ja, damit haben Sie recht.

CO_2 hat derzeit einen Anteil von lediglich knapp über 400 ppm. Ppm heißt parts per million – von einer Million Teilchen in unserer Atmosphäre sind also nur 400 Teil-

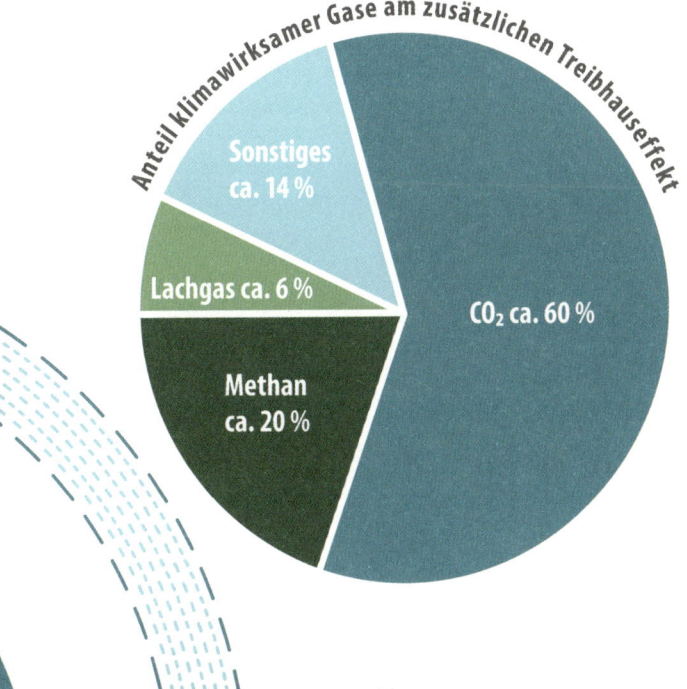

chen CO_2. Anders gerechnet, ergibt das einen Anteil von etwa 0,04 Prozent. Wie kann es also sein, dass etwas in nur so geringer Menge vorhanden ist und doch eine so große Wirkung haben soll?

Sehen wir uns das anhand eines Beispiels aus dem alltäglichen Leben an. Vielleicht trinken Sie gelegentlich gern ein Glas Bier oder Wein. In diesem Fall wissen Sie wahrscheinlich auch, dass Sie nicht viel mehr als dieses eine Glas trinken dürfen, wenn Sie noch mit dem Auto fahren wollen. Vielleicht spüren Sie einen Alkoholgehalt von 0,4 Promille in Ihrem Blut schon ein wenig, das entspricht genau dem Anteil von CO_2 in der Atmosphäre. Und in beiden Fällen gilt: kleine Menge, große Wirkung. 0,1 Promille mehr ist

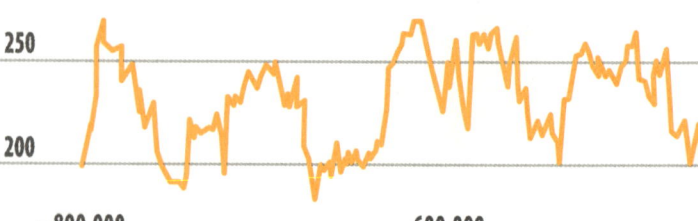

Veränderung unserer Atmosphäre
– 800.000 Jahre CO_2 bis heute

PPM

400

350

300

250

200

– 800.000   – 600.000

gerade noch erlaubt. Trinken Sie jetzt noch ein Glas, dann müssen Sie das Auto stehen lassen.

CO_2 können wir im Gegensatz zu Wein oder Bier weder sehen noch riechen oder spüren. Dennoch hat auch bei CO_2 eine geringe Menge eine große Wirkung. Blickt man weit in die Vergangenheit zurück, sieht man, dass der CO_2-Anteil in der Atmosphäre unserer Erde über Hunderttausende Jahre relativ konstant war. Erst seit dem Beginn der Industrialisierung ist er sprunghaft angestiegen.

Wir wissen schon sehr lange, wie viel CO_2 in der Atmosphäre vorhanden ist. Da es so langlebig ist, verteilt es sich gleichmäßig. Es ist daher relativ gleichgültig,

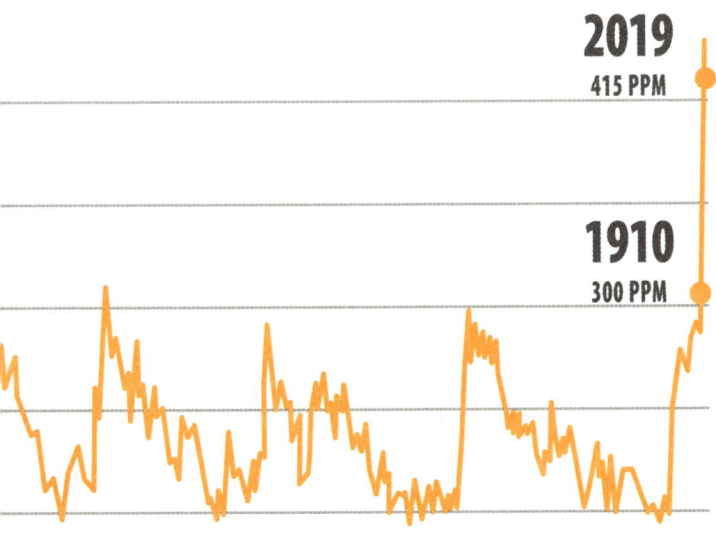

2019
415 PPM

1910
300 PPM

00.000   – 200.000   HEUTE

an welchem Punkt der Erde eine Messung durchgeführt wird. Durch Bohrungen im Eispanzer der Antarktis kennen wir die CO_2-Konzentration der letzten 800.000 Jahre. Das macht die in kleinen Bläschen eingeschlossene Luft möglich, die in den Bohrkernen zutage gefördert wird. Man weiß daher heute, dass der CO_2-Anteil in der Atmosphäre während dieses unfassbar langen Zeitraums stets nur zwischen 200 und 300 ppm schwankte.

Das änderte sich drastisch ab dem Zeitpunkt, an dem wir damit begonnen haben, Industrie zu betreiben und mobil zu werden. Damit begann der CO_2-Anteil mit einem Mal raketengleich anzusteigen. Diese Erhöhung ist so markant, dass wir sie sogar anhand unserer Lebensspanne zeigen können: Im Jahr 1970, als ich geboren wurde, lag der CO_2-Anteil bei 325 ppm. Gut vierzig Jahre später, also

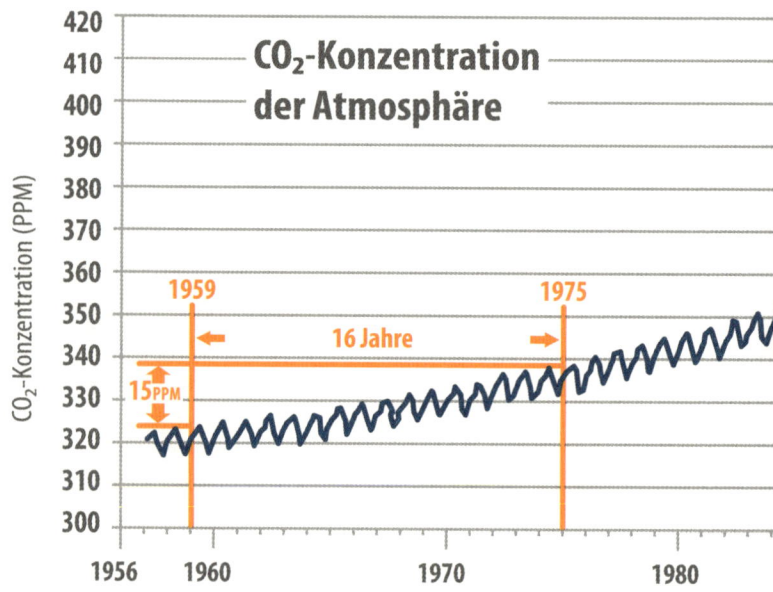

im Jahr 2012, wurden erstmals 400 ppm erreicht. Mittlerweile sind wir an einem Punkt, an dem wir gar nicht mehr unter den Wert von 400 ppm CO_2 in der Atmosphäre kommen können. Allein in meinem bisherigen Leben hat sich das CO_2 also deutlich merkbar vermehrt, und zwar um etwa 27 Prozent.

Dieser Anstieg verläuft aber nicht konstant. Es gibt ein ständiges Auf und Ab, wie auf untenstehender Grafik zu sehen ist.

Das Auf und Ab ist das Atmen der Erde: Im Sommer, wenn die Pflanzen grün sind, geht der CO_2-Anteil zurück. Da die Nordhalbkugel mehr Landmasse als die Südhalbkugel hat, wird das nicht durch die versetzten Jahreszeiten ausgeglichen. Die Zickzack-Kurve entspricht weltweit

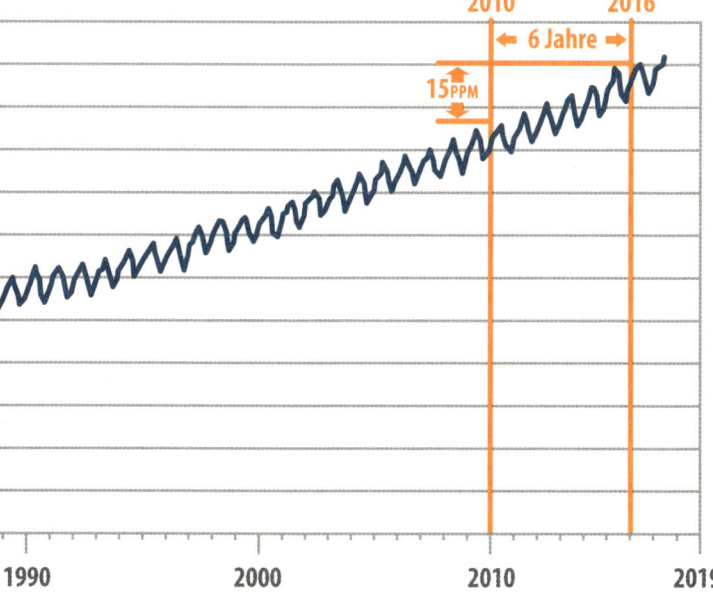

dem Sommer-Winter-Schema der Nordhalbkugel. Daher ging der CO_2-Anteil nach dem erstmaligen Erreichen der 400-ppm-Marke kurzfristig wieder zurück. Inzwischen liegen wir jedoch auch im Sommer über 400 ppm, und der Ausstoß des ungemein langlebigen Treibhausgases geht unvermindert weiter. Aus diesem Grund haben wir keine Chance mehr, unter diesen Wert zu gelangen.

Der Trend zeigt eindeutig nach oben, und nicht nur das: Wir beschleunigen ihn immer weiter. Von 1959 bis 1975, also innerhalb von 16 Jahren, nahm der Anteil des

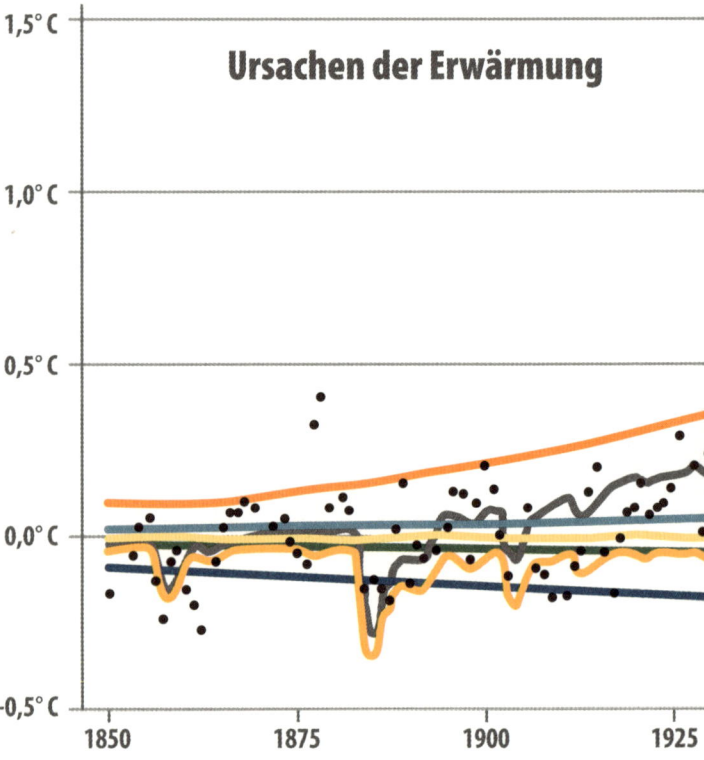

Ursachen der Erwärmung

CO_2 in der Atmosphäre um 15 ppm zu. Heute brauchen wir für den gleichen Anstieg nur noch sechs Jahre.

Trotz der gigantischen Menge an CO_2, die wir in die Atmosphäre pulvern, höre ich oft die Frage, ob der Mensch wirklich einen so großen Einfluss auf so ein komplexes System wie das Klima haben kann.

Die Antwort lautet ganz einfach: Ja. Das lässt sich beweisen, indem man die letzten 150 Jahre genauer unter die Lupe nimmt und nach möglichen Ursachen für die aktuelle Erwärmung sucht.

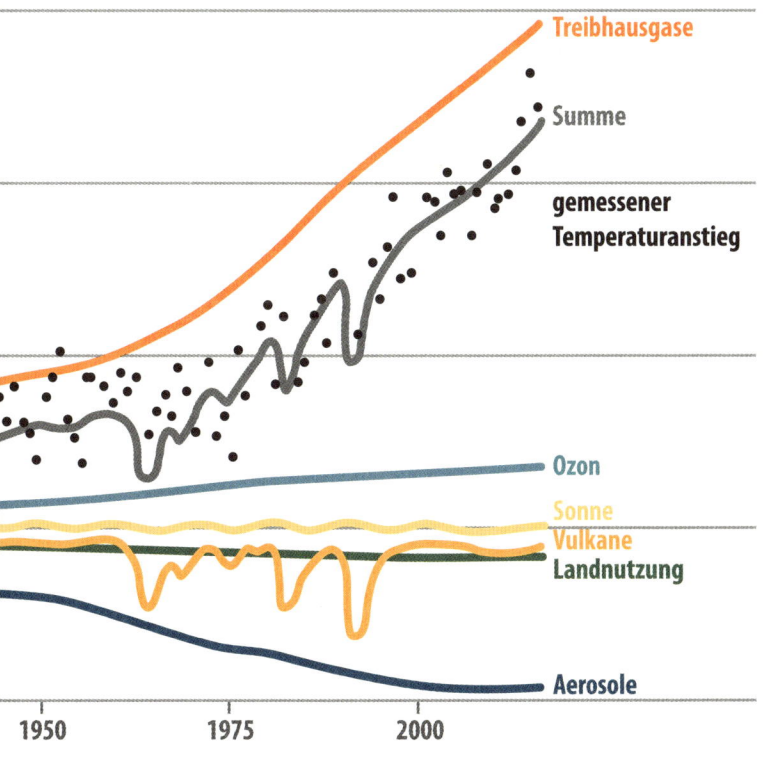

Globale Temperatur und CO₂

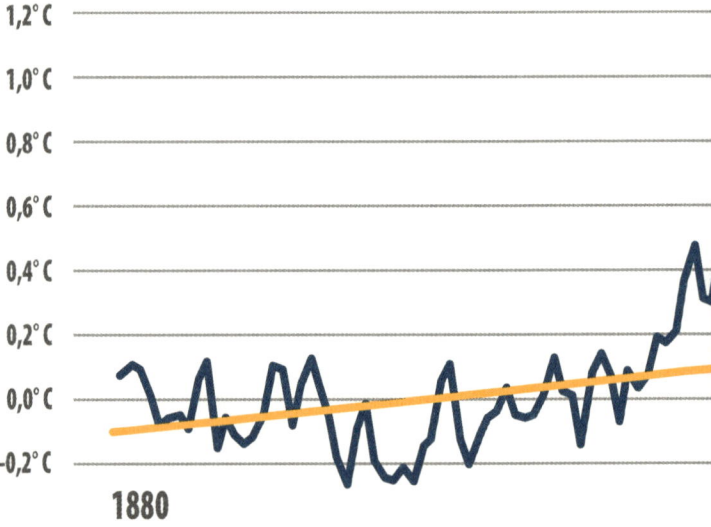

So war zum Beispiel die letzte Eiszeit das Resultat einer Kombination aus Vulkanausbrüchen sowie Änderungen der Erdbewegung um die Sonne. Beides spielt aber in unserem Zeitraum keine Rolle. Andere Faktoren für das Klima sind etwa Aerosole, kleine Schmutzteilchen in der Luft. Diese verdunkeln die Atmosphäre und sorgen dadurch für Abkühlung – sie können es demnach nicht sein. Auch die Landnutzung, also die Versiegelung von Böden und die Rodung der Wälder, spielt eine untergeordnete Rolle. Das Ozon liefert einen kleinen Beitrag, der ist jedoch zu schwach, um die tatsächlich beobachtete Erwärmung zu erklären.

Bleibt noch die Sonne: Hat sich an ihrer Kraft und Intensität etwas geändert? Die Antwort lautet: Nein. Somit

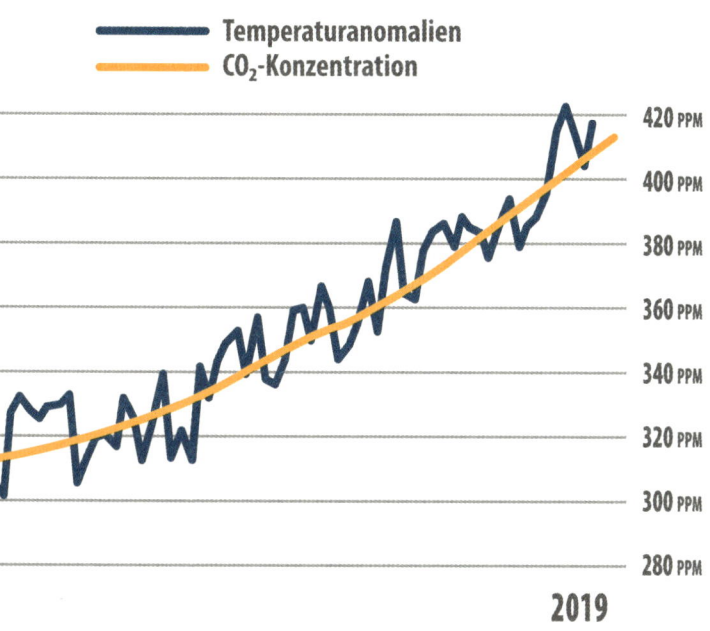

Temperaturanomalien
CO_2-Konzentration

420 PPM
400 PPM
380 PPM
360 PPM
340 PPM
320 PPM
300 PPM
280 PPM

2019

kommt als Erklärung für den Temperaturanstieg nur der Ausstoß von Treibhausgasen infrage. Dieser würde sogar noch eine stärkere Erwärmung verursachen, als wir sie derzeit messen. Wir haben allerdings das große Glück, dass andere Effekte wie die Aerosole in der Atmosphäre für eine leichte Abkühlung sorgen und die Erwärmung daher nicht ganz so stark ausfällt, wie wir sie eigentlich herbeiführen.

Legt man die Entwicklung der globalen Temperatur und den Anstieg der CO_2-Konzentration in der Atmosphäre übereinander wie in obenstehender Grafik, so ist sonnenklar, dass die treibende Kraft der Erwärmung eindeutig der Mensch mit seinem Ausstoß von Treibhausgasen ist.

War es früher nicht schon einmal viel wärmer?

Das Klima wandelt sich, seit die Erde existiert. Die ständige Veränderung zählt zu den Grundeigenschaften des Klimas. Die längste Zeit in der Erdgeschichte war es viel wärmer als heute, da gab es kein Eis an den Polen und auch keine Gletscher. Und: Es gab keine Menschen. Für uns ist das der wesentliche Punkt: Es tut jetzt und hier wenig zur Sache, darauf zu verweisen, wie das Klima vor Milliarden von Jahren war. Wir Menschen haben damals noch keine Rolle gespielt. Wir waren ganz einfach noch nicht da. Ich möchte mich, da wir erst relativ spät aufgetaucht sind, vor allem auf die für uns Menschen relevanten Daten konzentrieren – so wertvoll die Auseinandersetzung mit früheren Zeiträumen

−0,5°C

9000 8000 7000 6000 5000 4000 3000 2000 1000

für die Wissenschaft auch sein mag. Die Daten zeigen: Wir leben in einer Art Ausnahmezustand der Erde, und zwar in einem solchen, der unser Leben erst möglich gemacht hat. Wenn wir die Bedingungen dafür verändern, sollte uns eines bewusst sein: Wir spielen mit dem Leben – zumindest mit dem, wie wir es kennen und genießen.

Die letzte Eiszeit endete vor etwa 11.000 Jahren. Der erdgeschichtliche Zeitabschnitt, der danach begonnen hat und heute noch andauert, heißt Holozän. Der Übergang vom vorangegangenen Pleistozän in „unser" Zeitalter ging mit einem starken Temperaturanstieg einher, seither ist es relativ warm. Dieses warme Klima ist ungewöhnlich stabil: Schwankungen spielten sich global betrachtet nur im Bereich von einem halben bis zu einem Grad ab. Auch begrenzte lokale Phänomene wie die kleine Eiszeit in Europa in der frühen Neuzeit fanden in diesem sehr geringen Schwankungsbereich statt.

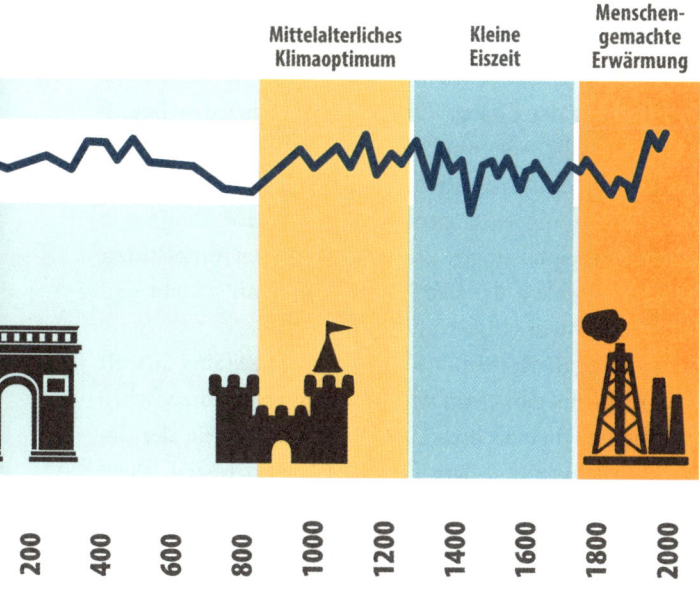

Erst dieses stabile, warme Klima hat die Bedingungen hervorgebracht, unter denen Menschen sesshaft werden und Landwirtschaft betreiben konnten. Und erst dadurch konnten sich in weiterer Folge Hochkulturen entwickeln, von Mesopotamien über Ägypten bis zu den Griechen und Römern – und weiter bis zu unserer Zivilisation.

In der Eiszeit vor der Warmphase des Holozäns sind Menschen als Nomaden umhergezogen, stets auf der Suche nach den wenigen Gebieten, in denen es Pflanzen und damit auch Tiere gab, die sie jagen konnten. Damals war es etwa fünf Grad kälter. Der Temperaturanstieg, der unsere Zivilisation ermöglicht hat, ist relativ konstant über einen Zeitraum von etwa 11.000 Jahren erfolgt. Die Daten legen nahe, dass sich das Klima im Lauf des Holozäns später wieder langsam in Richtung einer leichten Abkühlungsphase entwickelt hätte – doch dann hat der Mensch damit begonnen, die Atmosphäre durch das Verbrennen fossiler Energieträger aufzuheizen. Der radikale Temperaturanstieg, den wir nun erleben, ist die Folge davon. Bereits 1980 schlug der Biologe Eugene F. Stoermer den Begriff „Anthropozän" vor, um dem menschlichen Einfluss auf das Klima durch die Benennung eines neuen Erdzeitalters Rechnung zu tragen. Auch der Meteorologe und Chemienobelpreisträger Paul Josef Crutzen unterstützte diesen Vorschlag, der Begriff „Anthropozän" taucht seither immer wieder in der Literatur auf.

Doch egal, ob man nun ein neues Erdzeitalter ausruft oder nicht: Es gibt einen wichtigen Unterschied zwischen der menschengemachten Klimaerwärmung seit der Industrialisierung und dem Ende der letzten Eiszeit. Beim

Übergang vom Pleistozän zum Holozän stieg die Temperatur um etwa 5° C an, das aber sehr langsam innerhalb eines Zeitraums von 11.000 Jahren. Durchschnittlich betrug der Temperaturanstieg also nur 0,05° C pro Jahrhundert. Die von uns verursachte Erwärmung ist zwanzigmal schneller: Allein in den letzten hundert Jahren erhöhte sich die Temperatur um 1° C. Und in dieser Tonart geht es derzeit weiter.

Globale Temperaturänderung seit der Eiszeit

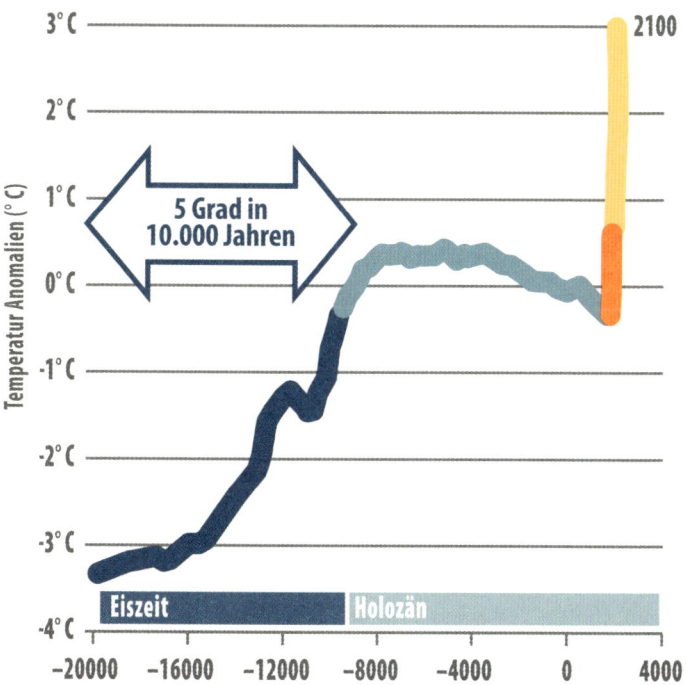

Klimawandel hat es also immer gegeben, Tiere und Pflanzen haben sich ständig an neue Bedingungen, an sich verändernde und über den Globus wandernde Lebensräume und Vegetationszonen angepasst, sind mit ihnen mitgewandert oder ausgestorben. Dann haben neue Arten den frei gewordenen Platz eingenommen. Diese Veränderungen fanden über lange Zeiträume hinweg statt. Die Welt sah vor zwanzigtausend Jahren völlig anders aus als heute. Der Meeresspiegel lag etwa hundert Meter tiefer, die Kontinente hatten dadurch andere Umrisse als die uns vertrauten. Landbrücken, die später überflutet wurden, ermöglichten Menschen und Tieren die Besiedlung längst wieder voneinander getrennter Lebensräume. Über die eisigen Steppen Europas zogen Mammuts und Wollnashörner, gejagt von mittlerweile ausgestorbenen Menschen wie dem Neandertaler. Der Unterschied zu unserer Epoche, dem Holozän mit seinen völlig veränderten Lebensbedingungen, betrug jedoch wie oben schon erwähnt „nur" rund 5° C. Heute haben wir das Ziel, die Klimaerwärmung bis zum Ende des Jahrhunderts bei 1,5° C einzubremsen. Eine Erwärmung darüber hinaus würde ähnliche radikale Veränderungen unserer Welt mit sich bringen, wie sie sich beim Übergang von der Eiszeit in die Jetztzeit ereignet haben – und das sozusagen im Zeitraffer.

Zur ohnehin schon problematischen Erwärmung kommt nämlich noch deren ungewöhnliche Geschwindigkeit. Eine Anpassung an die sich verändernden Lebensumstände in diesem Tempo ist für viele Pflanzen- und Tierarten nicht möglich. Die gewaltigen Herausforderungen, die das für Mensch und Natur bedeutet, werden wir im nächsten Kapitel kurz darstellen.

Ein kurzer Exkurs:
Wissenschaft, Politik und Klimawandel

Heute reden viele über den Klimawandel. Dabei ist das Thema alles andere als neu, bereits vor 200 Jahren zählte Alexander von Humboldt die Faktoren für den Klimawandel auf: Durch „Fällen der Wälder, durch Veränderung der Verteilung der Gewässer und durch die Entwicklung großer Dampf- und Gasmassen an den Mittelpunkten der Industrie" verändere der Mensch das Klima, schreibt er in seinem 1843 erschienenen Buch „Central-Asien. Untersuchungen über die Gebirgsketten und die vergleichende Klimatologie".[1]

Was Humboldt noch nicht vorhersehen konnte, war das Ausmaß der Bedrohung der Menschheit durch die von ihr verursachte Veränderung des Klimas. Der schwedische Physiker und Chemiker Svante Arrhenius, den wir zu Beginn dieses Kapitels bereits erwähnt haben, fand hingegen bereits im Jahr 1906 heraus, dass sich bei einer Verdoppelung des CO_2-Gehalts in der Atmosphäre die Temperatur weltweit durchschnittlich um 4 bis 6° C erhöhen würde. Diese Prognose deckt sich mit dem heutigen Wissensstand. Arrhenius rechnete aber nicht mit dem Tempo, mit dem wir den CO_2-Anteil seit dem frühen zwanzigsten Jahrhundert immer weiter erhöhen.

Zurück zu Humboldt: Für diesen waren Waldrodungen „Menschenunfug, der die Naturordnung stört". Er sah darin eine Gefahr vor allem für das lokale Klima. In den 1820er-Jahren wurden seine Thesen von zahlreichen Forschern auf der ganzen Welt überprüft, bestätigt und weiterentwickelt. Der US-Meteorologe Daniel Lee schrieb im Jahr 1849 über das sich wandelnde Klima („changing climates") als Folge der großflächigen Abholzungen in einigen Teilen des Landes. Auch der Staatsmann, Diplomat und Vordenker der amerikanischen Umweltschutzbewegung George Perkins Marsh zeigte sich in seinem Hauptwerk „Man and nature" deutlich von Humboldt beeinflusst.[2]

Die Warnungen der Wissenschaftler wurden jedoch nicht ernst genug genommen oder gerieten in Vergessenheit. Erst in den 1970er-Jahren, als die US-amerikanische National Academy of Sciences erstmals vor der globalen Erwärmung warnte, entdeckte man Humboldt neu, und zwar als „ersten Ökologen". Hätte man schon viel früher auf ihn gehört, würde es heute vielleicht anders ausschauen.

In der Fachwelt herrscht seit Jahrzehnten große Übereinstimmung und Klarheit darüber, dass der Mensch für den derzeitigen Klimawandel verantwortlich ist. In der Politik scheint sich das jedoch noch nicht überall herumgesprochen zu haben. Wir kommen viel zu langsam vom Wissen ins Tun. Wir kennen zwar das Problem, wissen, wie es zu lösen ist, und haben uns sogar zum Handeln verpflichtet – doch die notwendigen Schritte zögert die Politik immer weiter hinaus.

1982 sah der Ölmulti Exxon den Verlauf der globalen Erwärmung bereits mit hoher Treffsicherheit voraus, hielt die entsprechende Studie aber unter Verschluss. Der CO_2-Anteil in der Atmosphäre betrug damals 344 ppm.

1988 wurde von der UNO der „Weltklimarat" genannte „Intergovernmental Panel on Climate Change" (IPCC) gegründet – bei einem CO_2-Wert von 348 ppm.

1992 wurde in Rio de Janeiro die Klimarahmenkonvention vereinbart, in der die Weltgemeinschaft erstmals den menschengemachten Klimawandel als Bedrohung für die Menschheit einstuft. Der CO_2-Anteil betrug 355 ppm.

2005 Bei einem Stand von 360 ppm einigten sich 191 Staaten auf das sogenannte „Kyoto-Protokoll", das völkerrechtlich verbindliche Zielwerte für den Ausstoß von Treibhausgasen festschreibt. Die Vereinbarung trat 2005 in Kraft, da betrug der CO_2-Anteil bereits 375 ppm.

2007 wurde das IPCC mit dem Friedensnobelpreis ausgezeichnet, bei 381 ppm CO_2 in der Atmosphäre.

2015 wurde die 21. UN-Klimakonferenz (COP 21) in Paris abgehalten. Das Ziel, die Klimaerwärmung auf 1,5° C zu begrenzen, wurde festgelegt. Dafür müssen die Treibhausgasemissionen bis 2050 auf null reduziert werden. Der CO_2-Anteil betrug 397 ppm.

2017 wurde Donald Trump US-Präsident, bei 403 ppm CO_2. Er behauptete, die Chinesen hätten den Klimawandel erfunden, um der US-Wirtschaft zu schaden.

2018 „Ihr seid nicht reif genug, um die Wahrheit zu sagen", warf die 15-jährige Greta Thunberg bei der COP 24 in Katowice im Dezember 2018 den anwesenden Verhandlern vor. Der CO_2-Anteil betrug mittlerweile 411 ppm.

Alle Forschungsergebnisse, politischen Absichtserklärungen und internationalen Verträge ändern nichts daran: Der CO_2-Ausstoß steigt und steigt und steigt weiter.

Dass es nicht am Wissen fehlt, zeigen auch Meldungen aus dem Deutschen Bundestag: Bundesumweltministerin Svenja Schulze hatte im Mai 2019 erwähnt, dass 97 Prozent der Wissenschaftlerinnen und Wissenschaftler davon ausgingen, der Klimawandel sei menschengemacht. Auf eine Anfrage zur Herkunft der genannten Zahl wurde diese prompt korrigiert: Ende August hielt die Bundesregierung fest, dass im Durchschnitt 99,94 Prozent von 54.195 wissenschaftlichen Artikeln zum Thema den menschengemachten Klimawandel bejahten. Ausdrücklich beruft sich die deutsche Bundesregierung dabei auf den IPCC, der eine Sicherheit zwischen 95 und 100 Prozent[3] als gegeben annimmt. „Aus Sicht der Bundesregierung geben die Aussagen des IPCC den weltweiten wissenschaftlichen Sachstand umfassend, ausgewogen und objektiv wieder", so die Pressemitteilung des Bundestags.

Mittlerweile liegt der Konsens in der Wissenschaft bei hundert Prozent. Das zeigt die Untersuchung von 11.602 wissenschaftlichen Artikeln, die von Jänner bis August 2019 zum Thema erschienen sind. Allein die Anzahl spricht bereits Bände: Weltweit arbeiten sich derzeit zehntausende Forscherinnen und Forscher am

Klimawandel ab – und kein Einziger von ihnen stellt noch infrage, dass wir Menschen für die Erwärmung verantwortlich sind. Und selbst wenn „nur" 97 Prozent davon ausgehen würden: Stellen Sie sich vor, Sie stehen im Dschungel vor einer Seilbrücke, die an sichtbar morschen Seilen hängt. 97 Einheimische sagen, sie wird einstürzen. Zwei wissen es nicht so recht. Nur einer sagt: „Gehen Sie nur!" Auf wen würden Sie hören?

Der Klimawandel ist real.
Aber ist der Mensch die Ursache?

Der Klimawandel in den Schlagzeilen ...

Der Klimawandel ist längst bei uns angekommen. Nicht nur in unserer Umwelt, wo wir die Erwärmung und deren Folgen bereits beobachten können, sondern auch in den heimischen Medien. Ob im Fernsehen oder im Radio, in der Zeitung oder online – fast täglich sehen oder hören wir von Klimakonferenzen oder Plänen von Regierungen zur Reduktion von Treibhausgasen, aber auch von Unwettern, extremen Wettererscheinungen und Schäden, die der Klimawandel verursacht. Zunehmend rücken dabei Bereiche in den Fokus, die uns lieb und teuer sind. Lieblingsspeisen und -getränke könnten empfindlich teurer werden oder überhaupt verschwinden, wenn es bei uns zu heiß wird, glaubt man den Schlagzeilen:

„Klimawandel: Bier könnte knapp werden."
(Die Presse, 16. 10. 2018)

oder

„Dürre könnte Pommespreise explodieren lassen."
(Kleine Zeitung, 29. 07. 2018)

Und selbst der heiligen Kuh vieler von uns, dem eigenen Auto, drohen magere Jahre:

„15 % teurer als im Vorjahr. Sprit:
Preis-Schock wegen Hitze-Sommer."
(oe24, 11. 11. 2018)

... und in der Wirklichkeit

Was ist dran an diesen Meldungen? Sie haben durchaus ihre Berechtigung: Tatsächlich bekommen wir die Folgen der bereits stattfindenden Veränderung unseres Lebensraumes mittlerweile deutlich zu spüren.

Als der Rekordsommer 2019 in einen ungewöhnlich warmen Herbst überging, rissen die vom Klimawandel ausgelösten schlechten Nachrichten nicht ab: Es wurde offenbar, dass unter anderem im Waldviertel gerade ein Fichtensterben von dramatischen Ausmaßen stattfindet. Durch den fortschreitenden Klimawandel können verschiedene Schadinsekten, in diesem Fall der Borkenkäfer, mehrere Generationen ausbilden und so stärkere Schäden in der Forst- bzw. Landwirtschaft anrichten. Dem Borkenkäfer geht es also gut, weil es wärmer wird. Das Resultat: 1500 Hektar Wald mussten im Lauf des Jahres 2019 am Truppenübungsplatz Allensteig abgeholzt werden – der Fichtenwald, der allein in diesem Gebiet dem Klimawandel zum Opfer fällt, entspricht der Fläche von 2100 Fußballfeldern.[4]

Während sich das Bild unserer Wälder verändert und vertraute Bäume aus der Landschaft verschwinden, machen sich neue Pflanzen bei uns breit, etwa das ursprünglich in Nordamerika beheimatete Ragweed, das schwere Allergien auslösen kann.

Die Liste von ungebetenen und gefährlichen Gästen, die sich mittlerweile häufiger bei uns einfinden, beschränkt sich nicht auf die Tier- und Pflanzenwelt – und sie wird ständig länger: Ein Beispiel ist das aus Nordafrika stammende West-Nil-Virus, das 2010 erstmals Todesopfer in Griechenland gefordert hat. 2018 starben in Serbien und Norditalien

31 Menschen an diesem Krankheitserreger. Inzwischen ist das Virus in Deutschland angekommen. Auch diese Bedrohung für den Menschen wird in unseren Breiten größer.

Es geht also um viel mehr als um teure Pommes frites oder Versorgungsengpässe beim Feierabendbier: Es geht um unser Leben. Bereits die Hitzewelle des Jahres 2003 forderte in Europa 70.000 Todesopfer. Die Münchener Rückversicherung bezeichnete diese Hitzewelle als die größte Naturkatastrophe in Mitteleuropa seit Menschengedenken.[5]

Menschen sterben, weil wir das Klima verändern und uns an die neuen Gegebenheiten nicht schnell genug gewöhnen können. Das ist kein fernes Problem, weder liegt es in ferner Zukunft noch geografisch weit weg von uns.

Was wir heute beobachten und erleben, sagen uns die Prognosen der Klimaforschung schon seit vielen Jahren voraus:

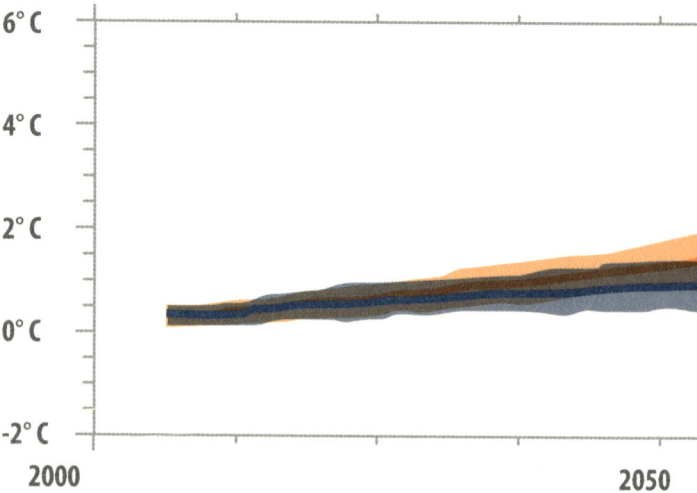

Die Temperatur steigt, und Extremwetterereignisse treten öfter auf. Die Probleme, die der Klimawandel jetzt schon verursacht, sind der Auftakt. Sie werden sich häufen, verstärken und größere Dimensionen annehmen.

Wir werden die globale Erwärmung nicht mehr anhalten oder gar umkehren und in eine Abkühlung ändern können. Dieser Zug ist abgefahren. Es wird wärmer, das ist fix. Wir haben allerdings noch in der Hand, wie stark diese Erwärmung ausfallen wird.

Wenn wir so weitermachen wie bisher, wird sich die Temperatur anders entwickeln als im Fall, dass wir Maßnahmen ergreifen, um die Treibhausgase zu reduzieren. Dazu gibt es viele unterschiedliche Szenarien. Schauen wir uns die beiden wichtigsten an:

Änderung der mittleren globalen Oberflächentemperatur (bezogen auf 1986–2005)

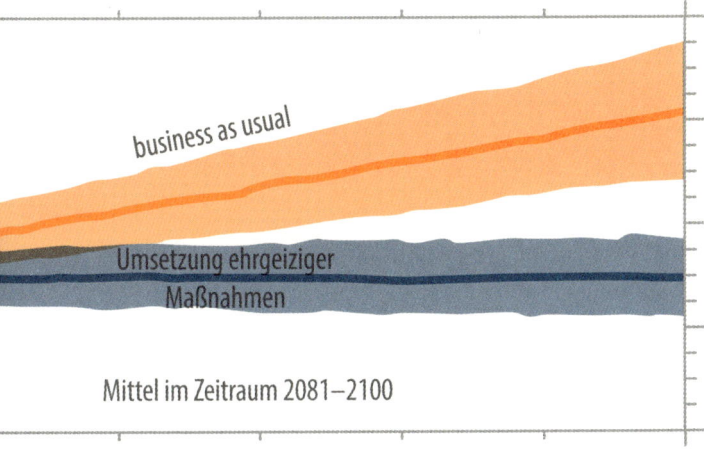

business as usual

Umsetzung ehrgeiziger Maßnahmen

Mittel im Zeitraum 2081–2100

2100

Die obere Kurve beschreibt, was „business as usual" bedeuten würde: Machen wir so weiter wie bisher, kann die Erwärmung bis zum Ende des Jahrhunderts 4° C ausmachen. Man sieht gleichzeitig, dass der Bereich, in dem sich diese starke Erwärmung abspielt, relativ breit ist: Sie kann auch 3 oder 6° C betragen. Ergreifen wir hingegen rasch wirkungsvolle Maßnahmen, dann können wir die Erwärmung noch auf unter 2° C halten. Hier ist die Unschärfe wesentlich geringer, da wir diesen Temperaturanstieg aufgrund unserer Erfahrungswerte genauer vorhersehen können. Bei einer raschen Erwärmung treten hingegen Mechanismen auf, die diese Prognose unsicherer machen. Wir haben keine Erfahrungswerte dazu, was eine so rasche Erwärmung an zusätzlichen Folgen auslöst. Noch ein großer Unterschied: Wenn wir Maßnahmen ergreifen, gibt es langfristig eine konstante Entwicklung. Dieses Szenario bedeutet, dass wir das Klima, wenn auch auf höherem Temperaturniveau als heute, wieder stabilisieren können. Bei Business as usual hingegen zeigt die Kurve ungebremst weiter nach oben.

Es geht also nicht nur um die Frage, welche Temperatur wir 2100 erreicht haben, sondern auch darum, was danach passiert: Bleibt die Temperatur dann stabil oder steigt sie weiter?

Diese Erwärmung ist nicht gleichmäßig über die Erde verteilt. Österreich ist stärker betroffen als viele andere Teile der Welt. Während die globale Mitteltemperatur seit Mitte des 19. Jahrhunderts um knapp 1° C gestiegen ist, sind es in Österreich bereits 2° C. Wir haben also eine doppelt so starke Erwärmung. Das liegt daran, dass sich Landmassen schneller erwärmen als das Wasser. Darum hinkt bei der Erwärmung auch die Südhalbkugel der Nordhalbkugel hinterher: Die Landmassen im Norden sind deutlich größer. Aus dem gleichen Grund heizen sich Küstenregionen nicht so schnell auf wie Regionen im Landesinneren. Und Österreich als Binnenland liegt nun einmal inmitten des Kontinents und nicht am Meer.

Auf die folgenden Szenarien müssen wir uns nun einstellen:

Veränderte Strömungsmuster

Die Wetterlagen haben sich verändert. Ich mache nun schon seit 25 Jahren Wetterprognosen für den ORF, und seit Kurzem bemerken wir in der Wetterredaktion neue Strömungsmuster. Zum Beispiel im Sommer 2019 bei der Hitzewelle im Juni: Bis dahin ist jedem klar gewesen, dass die größte Hitze immer aus dem Süden kommt. 2019 zog sie jedoch mit 46° C über Frankreich nach Belgien und in die Niederlande hinauf. Dort wurden erstmals über 40° C gemessen, so etwas hat es noch nie gegeben. Über Deutschland, wo ebenfalls neue Temperaturrekorde gemessen wurden, ist diese Hitze dann zu uns gekommen. Die größte Hitze kam 2019 also aus dem Norden, das ist neu. Und genauso verhält es sich generell bei der Wanderung von Hochdruck- und Tiefdruckgebieten. Österreich liegt im Prinzip in einem Westwindband. In der Regel, das heißt in über neunzig Prozent der Fälle, kommt unser Wetter vom Atlantik, also aus dem Westen, und wandert von dort nach Osten weiter. Hochs und Tiefs mit ihren Fronten überqueren uns innerhalb von ein paar Tagen und sorgen für Abwechslung. Das sieht folgendermaßen aus:

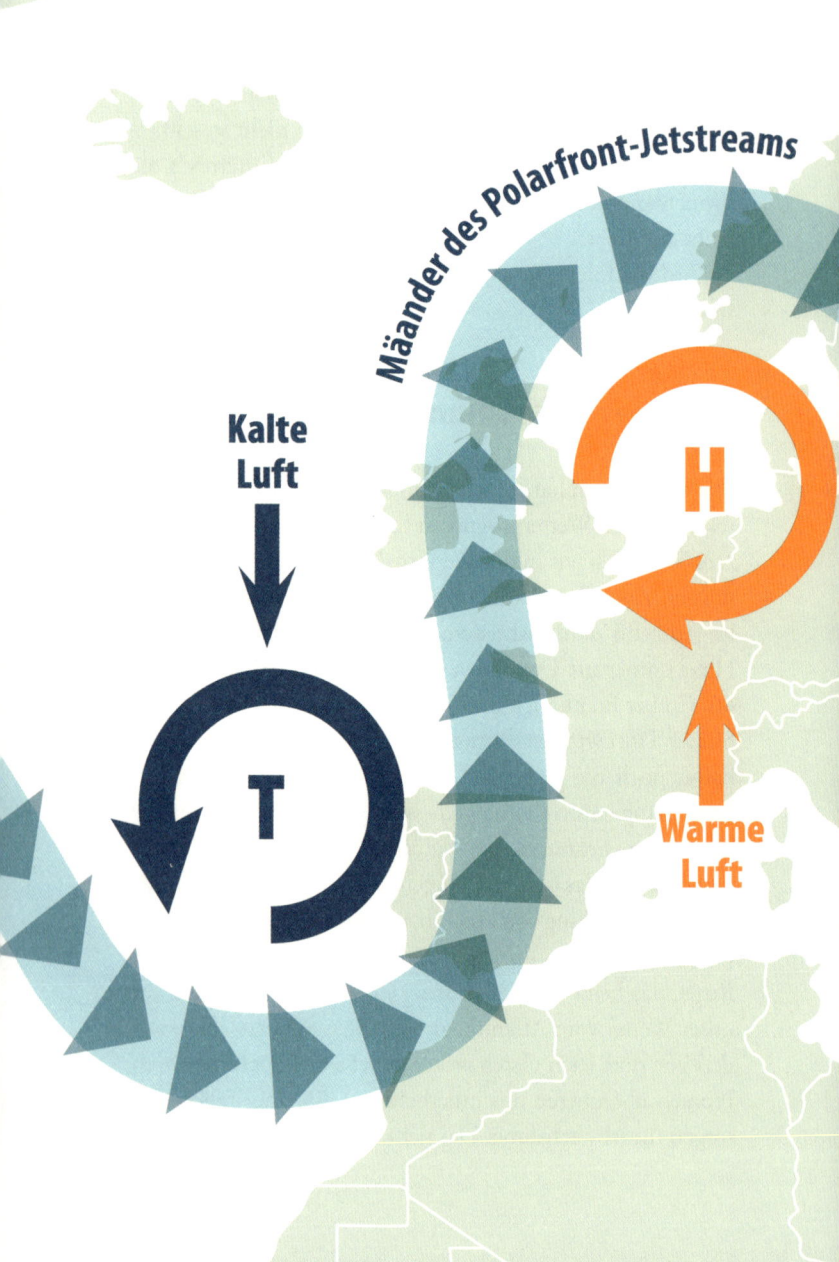

Mäander des Polarfront-Jetstreams

Kalte
Luft

T

H

Warme
Luft

Zugrichtung

Kalte Luft

T

Maximal im Wochenrhythmus zieht ein Hoch oder ein Tief bei uns durch, nur gelegentlich gibt es blockierende Wetterlagen. Jedenfalls war es bisher so. Nun bemerken wir in den letzten Jahren zwei Veränderungen: Die eine nennt sich Mäandern. Die Hochdruckgebiete stoßen immer weiter in den Norden vor, die Tiefs in den Süden. Dadurch verlängert sich einerseits das Starkwindband zwischen Hoch und Tief, der sogenannte „Jet". Durch das Mäandern ist andererseits aber auch Platz für mehr Hochs und Tiefs, wodurch die ganze Entwicklung gedrosselt wird.

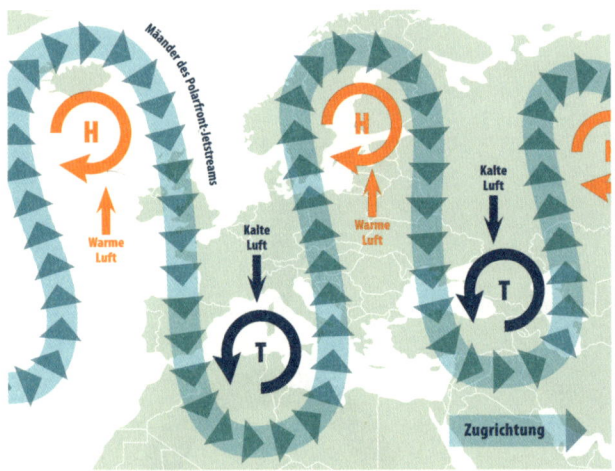

Veränderte Strömungsmuster

Die West-Ost-Bewegung wird also verlangsamt oder gestoppt, das Westwindband wird eingebremst und Wetterzonen verweilen länger bei uns, bevor sie weiterziehen. Hitzewellen dauern daher mittlerweile nicht mehr zwei oder drei Tage, sondern über eine Woche.

Ähnlich ist es im Winter, denken Sie nur an die Neuschneemassen im Jänner 2019. Feuchte Luft mischte sich mit polarer Kaltluft und strömte von Norden direkt gegen die Alpen. Ein Hoch lag über den Britischen Inseln, eingekeilt von mehreren Tiefdruckgebieten. Die Wetterlage war so, dass die Strömung blockiert, also am Weiterziehen gehindert wurde. So eine Wetterkonstellation nennt man daher auch Blocking-Lage oder umgangssprachlich Omega-Lage, da die Isobaren (Linien gleichen Drucks) um die Tiefs und das Hoch die Form eines griechischen Omegas ergeben.

Blocking-Lage, Omega-Lage

Diese Wetterlage dauerte ungewöhnlich lange an, in Summe zehn Tage. Betroffen von starken Schneefällen war die gesamte Nordseite der Alpen, von Vorarlberg bis nach Niederösterreich. In diesen zehn Tagen sind Rekordmengen an Schnee gefallen, in Kufstein waren es 279 Liter pro Quadratmeter, das sind vierzig Liter mehr als im bisherigen Jännerrekord aus dem Jahre 2012. In Reutte in Tirol wurde die höchste Gesamtschneehöhe – also nicht nur Neuschnee, sondern auch der schon zusammengesunkene Altschnee – seit dem Messbeginn im Jahr 1937 verzeichnet: 116 Zentimeter!

Diese Wetterlage führte in der Steiermark und in Niederösterreich zu einem gefährlichen Winterchaos. Allein in Niederösterreich waren Soldaten des Bundesheeres 14.000 Stunden im Katastropheneinsatz, um der gewaltigen Schneemassen Herr zu werden. Lawinenwarnstufe 5 – die höchste – wurde in vielen Regionen ausgerufen. Am Hochkar türmte sich der Schnee bis zu acht Meter hoch auf. Das Skigebiet wurde evakuiert, war für mehr als eine Woche gesperrt und auch nicht mehr erreichbar. Trotz aller Warnungen hat dieses

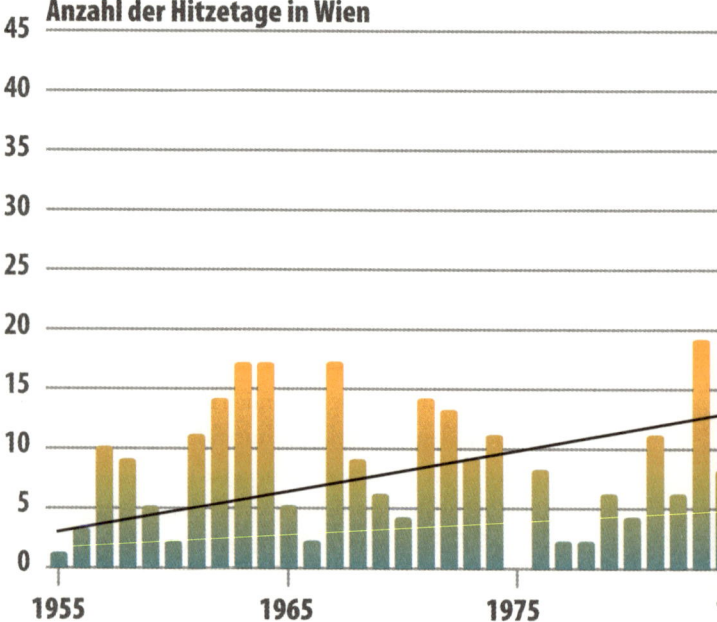

Anzahl der Hitzetage in Wien

extreme Schneeereignis 18 Todesopfer gefordert, einige davon aus Leichtsinn, da Sperren missachtet wurden.

Auch bei schweren Gewittern im Sommer sehen wir immer öfter, dass sie sich an einem Ort entladen und der ganze Regen an nur einer Stelle herunterkommt. Dadurch sind die Wirkungen häufiger verheerend: Zöge das Gewitter weiter, würde es den Regen über einen viel größeren Raum verteilen.

Hitzewellen

Wir sprechen von einer Hitzewelle, wenn die Höchsttemperatur an drei aufeinanderfolgenden Tagen über 30° C liegt.

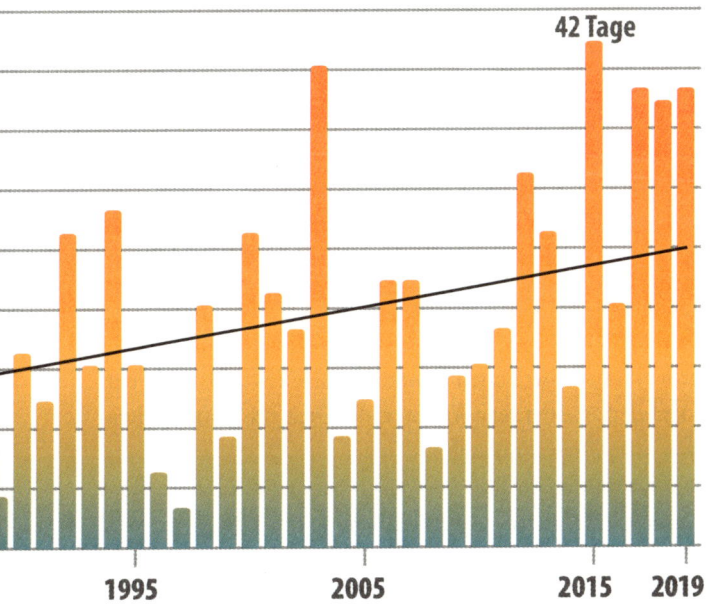

Solche Tage werden in der Meteorologie Hitzetage genannt und ihre Anzahl nimmt stetig zu, wie man in dieser Grafik für Wien sehr gut sehen kann. Die Häufigkeit dieser Hitzewellen wird ebenfalls ansteigen, von derzeit fünf auf fünfzehn zum Ende des Jahrhunderts. Auch die Länge dieser heißen Phasen dehnt sich aus. Sie wird sich bis 2050 etwa verdoppeln.

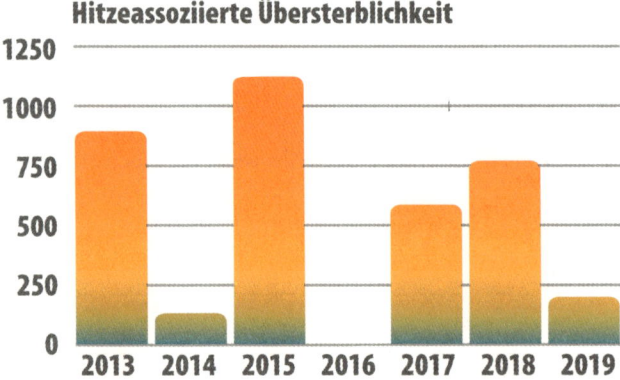

Hitzeassoziierte Übersterblichkeit

Für Sommerliebhaber und Badefreunde können das gute Nachrichten sein, doch dürfen wir nicht vergessen, dass die Hitze viele Menschen belastet. Betroffen sind dabei besonders ältere oder chronisch kranke Menschen sowie alle, die sich weder im eigenen Garten noch mithilfe einer Klimaanlage abkühlen können. Oder diejenigen, die bei großer Hitze im Freien arbeiten müssen wie Bauarbeiter, Dachdecker oder jene Arbeiter, die auch im Sommer Straßen asphaltieren müssen.

Für viele ist die Hitze nicht nur belastend, sondern sogar tödlich: In Österreich sterben bereits jetzt doppelt so viele

Menschen an Hitze, als im Verkehr ums Leben kommen. Im Jahr 2015 zählte man in Österreich mehr als tausend hitzeassoziierte Sterblichkeitsfälle. Diese Menschen wurden durch den Klimawandel früher aus dem Leben gerissen. In Deutschland gab es in den Jahren 2006 und 2015 jeweils 6000 Hitzetote.[6] Diese Folgen des Klimawandels schaffen es jedoch nur selten in die Zeitungen.

Die Zahl der Hitzetoten wird mit der weiteren Erwärmung rasch und drastisch ansteigen.

Besonders stark wirkt sich die sommerliche Hitze in den großen Städten aus, wo sich der Beton tagsüber extrem aufheizt und die Hitze speichert. So kühlt es in vielen Sommernächten etwa in Wien nicht mehr unter 20° C ab. Solche Tropennächte haben sich in den letzten Jahren gehäuft und werden weiter zunehmen. An erholsamen, tiefen Schlaf ist in so warmen Nächten kaum noch zu denken, was zu schweren gesundheitlichen Folgen führen kann.[7]

1985 hatten wir in Wien neun solcher Tropennächte, 2018 waren es 41. Im Sommer 2019 war es erstmals sogar auf über 1000 Meter in der Nacht noch über 20° C warm, und zwar auf dem Kolomannsberg in Salzburg, dort gab es eine Nacht mit einer Tiefsttemperatur von 22,9° C auf 1113 Metern Seehöhe. Ähnlich im Bregenzerwald, in Sulzberg: Dort wurde auf einer Höhe von 1018 Metern eine Tiefsttemperatur von 22,7° C gemessen.

Wenn es sich um eine einzelne Nacht handelt, ist das kein größeres Problem, doch bei mehreren solchen Nächten hintereinander können viele Menschen einfach nicht mehr richtig schlafen.

Dürreperioden

Mit der Hitze gehen in unseren Breiten Dürreperioden einher. Diese treten aufgrund der menschengemachten Erwärmung öfter auf, da durch die höheren Temperaturen mehr Feuchtigkeit aus dem Boden verdunstet. Die Trockenzeiten werden nicht nur häufiger und intensiver, sondern auch länger. Besonders deutlich ist die Zunahme von trockenen Phasen bereits in den Sommermonaten zu beobachten. Die Trockenheit beschäftigt uns in Österreich schon längst, vor allem in der Landwirtschaft. 2018 war beispielsweise für das Wald- und Weinviertel eine Katastrophe. Das ganze Jahr verlief sehr trocken. Im Weinviertel verzeichneten wir von Jänner bis August jeden Monat unterdurchschnittliche Niederschlagsmengen. Während es in der Landeshauptstadt St. Pölten im Frühling nur leicht zu trocken war – hier fehlten zehn Liter pro Quadratmeter auf die üblichen Regenmengen –, war die Trockenheit im Wein- und Waldviertel viel schlimmer: Hier fiel dreißig bis fünfzig Prozent weniger Niederschlag als in einem normalen Frühling und Sommer. Sehen wir uns als Beispiel die Werte von Hohenau an der March an: Im Frühling regnete es dort statt 126 Liter pro Quadratmeter, die üblich sind, nur 85 Liter, im Sommer dann 138 statt 188 Liter. So sind enorme Schäden in der Landwirtschaft entstanden, es kam zu existenzbedrohenden Ernteausfällen.

Konkret betroffen waren im Weinviertel auch meine Eltern, die dort seit dreißig Jahren eine kleine Selbstversorgerlandwirtschaft betreiben. Die Ernte war vor allem bei Kürbissen, Zucchini und Tomaten so schlecht wie nie zuvor. Die Feldfrüchte waren winzig, und auch die

Maisfelder rund ums Haus sind nicht in die Höhe gekommen. Sie waren früh ausgereift, aber die Kolben und die Pflanzen selbst waren viel zu klein. In Summe betrugen die Ernteeinbußen in Niederösterreich zwölf Prozent, das war eine Katastrophe für die einzelnen Landwirte. Die österreichische Hagelversicherung beziffert den Gesamtschaden durch Dürre und Hitze mit 230 Millionen Euro. Zum Vergleich: In der Bundesrepublik Deutschland verursachte die Dürre des Sommers 2018 Schäden in der Höhe von 700 Millionen Euro.

Mit der Trockenheit steigt die Gefahr, dass sich Waldbrände zum Inferno auswachsen. In den letzten Jahren erleben wir regelmäßig, dass Oster- oder Sonnwendfeuer verboten werden müssen. In Wien werden im Sommer immer öfter Grillverbote auf den öffentlichen Grillplätzen der Donauinsel verhängt. Bisher haben wir in Österreich durch rechtzeitige Verbote die Lage weitgehend im Griff. 2013 brannten aber auch hierzulande über hundert Hektar Nutz- und Schutzwald ab. Sehr rasch wurde reagiert und eine eigene Waldbranddatenbank geschaffen, um die Situation genauer beobachten und gegebenenfalls sofort Maßnahmen ergreifen zu können.[8]

Auch für die Schifffahrt hat die Trockenheit Folgen: Ist der Wasserstand der Donau zu niedrig, kommt der Schiffsverkehr vor allem in ihrem Verlauf in Deutschland völlig zum Erliegen. In Wien macht sich das am DDSG-Hafen bei der Reichsbrücke bemerkbar: Dort liegen dann wesentlich mehr Schiffe vor Anker als sonst.

Nicht nur für Frachtschiffe ist die geringe Wassertiefe ein Problem: Sogar die kleine Personenfähre zwischen

Orth an der Donau und Haslau hätte beinahe den Fähr-
betrieb einstellen müssen, und das erstmals in der dreißig-
jährigen Geschichte des Unternehmens, erklärte mir ihr
Betreiber Hannes Wiesbauer. Auf der Haslauer Seite blieb
ihm lediglich eine allerletzte Möglichkeit zum Anlanden,
eine Schotterbank. Die Situation damals beschreibt er so:
„Wir sind gefahren wie auf Stecknadeln."[9]

Hochwasser

Zu Trockenheit und Dürren kommt auch das Hochwasser, das ist kein Widerspruch. Zuerst regnet es sehr lange
nicht und dann plötzlich in einer Weise, die der Landwirtschaft nichts nützt, weil alles überschwemmt wird und die
Böden das Wasser nicht aufnehmen können.

Das Jahrhunderthochwasser im August 2002 ist vielen
noch in trauriger Erinnerung. Neun Menschen sind dabei
in Österreich gestorben. Die Schäden werden mit einer
Summe von drei Milliarden Euro beziffert. Betroffen waren Gebiete in weiten Teilen Österreichs, dramatisch war
die Situation aber vor allem in Ober- und Niederösterreich.
Dort kam es zu zwei Jahrhundertereignissen innerhalb einer Woche, oder genauer: Es war zweimal das gleiche Ereignis, nämlich ein massives Italientief, auch Vb-Zyklon
oder Adriatief genannt. Die Niederschlagsmengen waren
extrem und noch nie dagewesen. Im Mühl- und Waldviertel haben wir das Vierfache der üblichen Augustmen-
gen an Regen registriert.

Die konkreten Zahlen waren schwer zu eruieren: Im
Fokus stand unsere Wetterstation beim Stift Zwettl, die

allerdings bei einer Niederschlagsmenge von über 300 Litern pro Quadratmeter selbst dem Hochwasser zum Opfer gefallen ist, weil sie unter Wasser stand.

Die ZAMG (Zentralanstalt für Meteorologie und Geodynamik) hat den Niederschlag im Nachhinein mithilfe vorhandener Daten von benachbarten Stationen und mit Radardaten rekonstruiert: Es waren etwa 352 Liter pro Quadratmeter. Der alte Niederschlagsrekord wurde um fünfzig Prozent übertroffen, das ist bedeutend mehr, als es bei einem vorangegangenen Extremereignis gegeben hat. Beim Stift Zwettl hat es innerhalb einer Woche im August so viel geregnet wie normalerweise in einem halben Jahr.

Ich war damals fast durchgehend im Dienst, weil das eine Ausnahmesituation war und die Dämme im Kamptal zu brechen drohten. Im letzten Moment wurden die Schleusen geöffnet, doch die Wassermassen, die sich in Richtung Donau ergossen, trafen auf das Hochwasser dort. Das Wasser konnte einfach nicht mehr abfließen, es wurden große Gebiete überschwemmt. Ich erinnere mich noch an den Augenblick nach dem ersten Ereignis, als die Aufräumarbeiten gerade begonnen hatten, man dabei war, den fast zu Beton gewordenen Schlamm wegzuschaufeln, und uns klar wurde: In drei Tagen kommt das Gleiche noch einmal. Ein Jahrhundertereignis ist in einer einzigen Woche zweimal eingetreten.

Ein Jahr später war ich dann wieder in Zwettl, die Station war inzwischen wiederaufgebaut und hatte ihre normalen Messungen wiederaufgenommen. Am Stift selbst waren die Spuren des Hochwassers noch deutlich zu sehen. Verblüffend für mich war es aber, an dieser Mauer zu stehen und weit und breit den Kamp nicht zu sehen, der dort unter normalen Bedingungen verhältnismäßig weit weg und tief unten als friedliches kleines Flüsschen vorbeiplätschert. Man kann sich kaum vorstellen, dass daraus ein derartig reißender Strom werden konnte: Statt den üblichen drei Kubikmetern pro Sekunde flossen damals 600 Kubikmeter Wasser pro Sekunde den Kamp hinunter. Das ist die 200-fache Menge.

Dabei ist das Italientief, das am Anfang dieser dramatischen Tage stand, ein sehr vertrautes, regelmäßig wiederkehrendes Phänomen, das etwa im Winter in Osttirol und Kärnten für Schnee sorgt. Diese Tiefs werden durch den Klimawandel zwar nicht häufiger – aber sie sind von einer anderen Intensität.

Das Meer und die Atmosphäre sind wärmer, das bringt mehr Regen, und das Tief verlagert sich langsamer. Genau das haben wir auch im November 2019 erlebt: Osttirol und Kärnten waren von zahlreichen Murenabgängen betroffen. Tausende Haushalte hatten keinen Strom. Das steirische Landesspital Stolzalpe war wegen starker Schneefälle für eine Nacht von der Außenwelt und auch von der Stromversorgung abgeschnitten. Operationen mussten unter Zeitdruck abgeschlossen werden, 600 Menschen verbrachten die Nacht ungeplant im Spital. Das gleiche Tief verursachte währenddessen auch in Venedig außergewöhnliche Überschwemmungen, die Stadt stand so hoch unter Wasser wie seit fünfzig Jahren nicht mehr.

Durch die Klimaerwärmung fällt also viel mehr Regen oder Schnee an einer Stelle, als wir das bisher gewöhnt sind.

Gletscherschmelze

Sag zum Abschied leise Servus … So müsste ein Buch über die heimischen Gletscher wohl beginnen, denn sie schmelzen dahin. Und zwar sehr rasant, man kann fast dabei zusehen, wie sie immer dünner und weniger werden.

Wir haben in Österreich derzeit noch 925 Gletscher. Sie nehmen eine Fläche von ungefähr 500 Quadratkilometern ein. Die Bilder der mit Eis bedeckten Alpen sind untrennbar mit dem Bild von Österreich verbunden – aber wie lange wird es uns noch erhalten bleiben? Seit Beginn der industriellen Revolution haben die Gletscher in den Alpen bereits mehr als die Hälfte ihrer Masse verloren. Durch die menschengemachte Erwärmung schmilzt das Eis auf den Bergen mittlerweile immer schneller. Die Länge mancher Gletscher ist in den letzten Jahren um bis zu 25 Meter pro Jahr zurückgegangen.

Der größte Gletscher Österreichs ist die Pasterze am Fuß des Großglockners mit mehr als acht Kilometern Länge. An ihrer dicksten Stelle ist sie heute noch 200 Meter dick, doch sie wird immer dünner: In besonders warmen Jahren schmelzen an den unteren Bereichen bis zu sechs Meter Eis weg.

Auch im Sommer zeigen die Gletscher ein komplett anderes Gesicht als noch vor einigen Jahren. Der Schnee des Winters schmilzt im Frühling und Sommer rascher. Staub und Schmutz sammeln sich an der Oberfläche, was dazu führt, dass die Gletscheroberfläche statt wie früher weiß jetzt meistens nur noch grau ist. Das beschleunigt das Schmelzen weiter, da eine graue Oberfläche weniger Sonnenlicht reflektieren kann als eine weiße und somit mehr Wärme zurückbleibt.

Dieser Anblick eines grauen, dahinschmelzenden Gletschers bot sich mir, als ich im Jahr 2003 für den Radiosender Ö3 auf Sommertour war und im August das Kitzsteinhorn besuchte. Ans Skifahren war in diesem Sommer nicht mehr zu denken, der Schnee vom Winter war längst geschmolzen, und auch dem Gletschereis ging es bereits ordentlich an die Substanz. Das war damals noch ausgesprochen ungewöhnlich. Das Kitzsteinhorn wurde im Jahr 1965 als erstes Gletscherskigebiet Österreichs eröffnet und war bis 1986 durchgehend im Sommer geöffnet. Hier konnte man das ganze Jahr über Ski fahren. Erste Schließtage gab es im August 1986, ebenso 1992, 1994 und schließlich 2003 bei meinem Besuch. Seit dem Sommer 2007 wird nun am Kitzsteinhorn, selbst wenn ausreichend Schnee liegt wie im extrem schneereichen Winter 2018/19, kein Sommerskibetrieb mehr angeboten. Zum einen natürlich, weil es die höheren Sommertemperaturen immer seltener möglich machen, zum anderen aus ökologischen Überlegungen, um den Gletscher in den sensiblen Sommermonaten so weit wie möglich zu schützen. Das Kitzsteinhorn hat sich also im Sommer komplett neu positioniert, nämlich als hochalpines Ausflugsziel, in dem die Seilbahnen Urlauber, Wanderer und Interessierte auf den Gletscher bringen. Das Skifahren ist nun in der Regel von Oktober bis Anfang Juni möglich.

Gletscher sind nicht nur schön anzuschauen, sie spielen auch eine wesentliche Rolle in der Speisung vieler Bäche und Flüsse mit zusätzlichem Schmelzwasser – was nicht zuletzt die Energiewirtschaft ausnutzt. In anderen Ländern der Erde sichern Gletscher zudem die Wasserversorgung im Sommer, etwa für die regionale Landwirtschaft.

All das steht nun durch die globale Erwärmung auf dem Spiel. Gletscherexperte Kay Helfricht von der Österreichischen Akademie der Wissenschaften hat mir 2019 auf einem Wettergipfel in Tirol erklärt, dass die Gletscher in Österreich derzeit größer sind, als es den vorherrschenden klimatischen Bedingungen entspricht. Die Eisdicke nimmt pro Jahr um durchschnittlich einen Meter ab. Allein zwischen 2006 und 2016 haben sie so ein Fünftel ihrer Masse verloren. Selbst wenn das Klima so bleibt wie jetzt, wird sich das Volumen der Gletscher in Österreich bis 2050 weiter dramatisch reduzieren – etwa die Hälfte der jetzt noch vorhandenen Masse wird bis dahin verschwinden. Wenn wir nichts ändern, wird im Jahr 2100 dann wohl kaum noch etwas übrig sein von unserem „ewigen" Eis.

Also: Besuchen Sie die Gletscher, solange es noch geht!

Anstieg des Meeresspiegels

Die Gletscher sind nicht nur in Österreich und bei unseren Nachbarn auf dem Rückzug – auch viel größere Eisflächen gehen zurück, nämlich an den Polen und in Grönland. Diese Eisflächen schmelzen mit unterschiedlichen Geschwindigkeiten und mit verschiedenen Auswirkungen auf andere Teile unserer Erde.

Das Eis am Nordpol schwimmt im arktischen Meer und ist im Mittel rund zwei Meter dick. Die Erwärmung am Nordpol ist deutlich stärker als im globalen Mittel, wir verzeichnen hier mittlerweile Abweichungen vom langjährigen Mittel um bis zu 6° C nach oben.

Da Eisflächen ganz besonders sensibel schon auf kleine Temperaturänderungen ansprechen, ist das Schwinden der Eismassen am Nordpol besonders drastisch und extrem schnell. Die Eisfläche hat sich im Vergleich zu den 1970er- oder 1980er-Jahren heute bereits halbiert. Immer öfter können neue eisfreie Routen im Sommer von der Schifffahrt genutzt werden. Gleichzeitig verändern sich die Bedingungen für dort heimische Eisbären, Seehunde, Walrosse und Seevögel ebenso schnell und letztlich existenzbedrohend.

Der Unterschied zum Eis in Grönland und in der Antarktis ist, dass sich das Eis in diesen beiden Regionen an Land gebildet hat. Es schwimmt also nicht wie im Nordpol im Meer, was sich gravierend anders auf den Meeresspiegel auswirkt. Da das Nordpoleis bereits im Wasser schwimmt, hat sein Schmelzen keine Folgen für den Meeresspiegel.

Das können Sie selbst zu Hause überprüfen: Wenn Sie ein mit Eiswürfeln gekühltes Getränk längere Zeit stehen lassen, dann wird Ihr Glas auch dann nicht übergehen, wenn die Eiswürfel geschmolzen sind. Das Eis verdrängt im festen Zustand gleich viel, wie es im geschmolzenen Zustand als Wasser einnimmt. Schmilzt hingegen Eis, das zuvor noch über Land gelegen ist, und fließt in die Meere ab, dann erhöht das den Meeresspiegel.

In der Antarktis ist es wesentlich kälter als am Nordpol, die Erwärmung ist dort bei Weitem nicht so stark. In den Regionen rund um den Südpol hat es auch bei einer Erwärmung noch länger unter 0° C, also ein Temperaturniveau, bei dem das Eis erhalten bleibt. An den Rändern fließen allerdings Eismassen ins Meer, und immer wieder brechen hier gigantische Eisberge ab, die dann ins Meer treiben. 2019 ist etwa ein Eisberg mit einer Fläche von 1600 Quadratkilometern abgebrochen, das entspricht der Größe Londons. Aus vergangenen Jahren sind noch größere Abbrüche bekannt. Dieses sogenannte „Kalben" ist wahrscheinlich keine Folge des Klimawandels, dennoch wird hinter den Abbrüchen ein rascheres Fließen der Festlandeismassen beobachtet. Genau vor solch einer beschleunigten Eisschmelze wurde auch im IPCC-Report zu Eismassen und Ozeanen in der Antarktis gewarnt.

Dem Grönlandeis setzt die Erwärmung hingegen schon heute deutlich zu. Während in den zentralen Bereichen Schnee fällt und für Nachschub sorgt, schmilzt das Eis am Rand dahin. Diese Regionen dehnen sich durch die Erwärmung immer weiter ins Landesinnere aus, daher geht mehr Eis verloren, als sich durch den Neuschnee nachbilden kann. Die Eismassen, die in Grönland jedes Jahr verschwinden, sind unvorstellbar groß. Es handelt sich dabei um fast 300 Milliarden Tonnen Eis, die hier jedes Jahr schmelzen und ins Meer abfließen.

Durch dieses zusätzliche Wasser erhöht sich der Meeresspiegel. Sollte das gesamte Eis auf Grönland schmelzen, würde der um ganze sieben Meter ansteigen. Kommt das abgeschmolzene Eis des Westantarktischen Eisschildes dazu, hätten wir über zehn Meter mehr als jetzt.

Der Meeresspiegel steigt allerdings nicht allein durch das Abschmelzen großer Eismassen, sondern auch durch thermische Expansion. Wasser dehnt sich bei Erwärmung aus, wie etwa das Quecksilber im Thermometer. Wird es wärmer, nimmt das Wasser unserer Meere ein größeres Volumen ein – und der Meeresspiegel steigt.

Der Meeresspiegel wird heute mit Satelliten gemessen. Die Daten zeigen bereits einen deutlichen Anstieg – und dieser beschleunigt sich. Der Weltklimarat musste seine diesbezüglichen Zukunftsszenarien nach oben korrigieren. Die Meere steigen schneller und stärker, als ursprünglich angenommen, in den letzten dreißig Jahren beträgt dieser Anstieg im Schnitt drei Zentimeter pro Jahrzehnt.

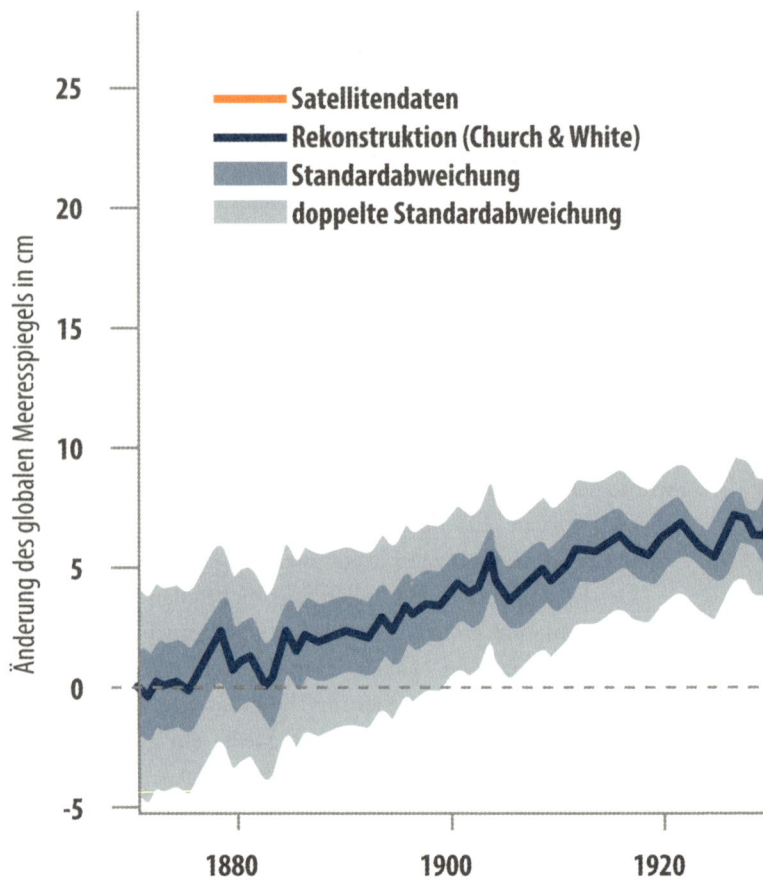

Das durch die globale Erwärmung immer höhere Niveau des Meeresspiegels wird in den kommenden Jahrzehnten Millionen Menschen dazu zwingen, ihre Heimat zu verlassen.

Andrew Shepherd, der an der Universität Leeds über die Folgen des Klimawandels forscht, gibt folgende Faustregel dazu an: Pro Zentimeter Anstieg des Meeresspiegels werden etwa sechs Millionen Menschen welt-

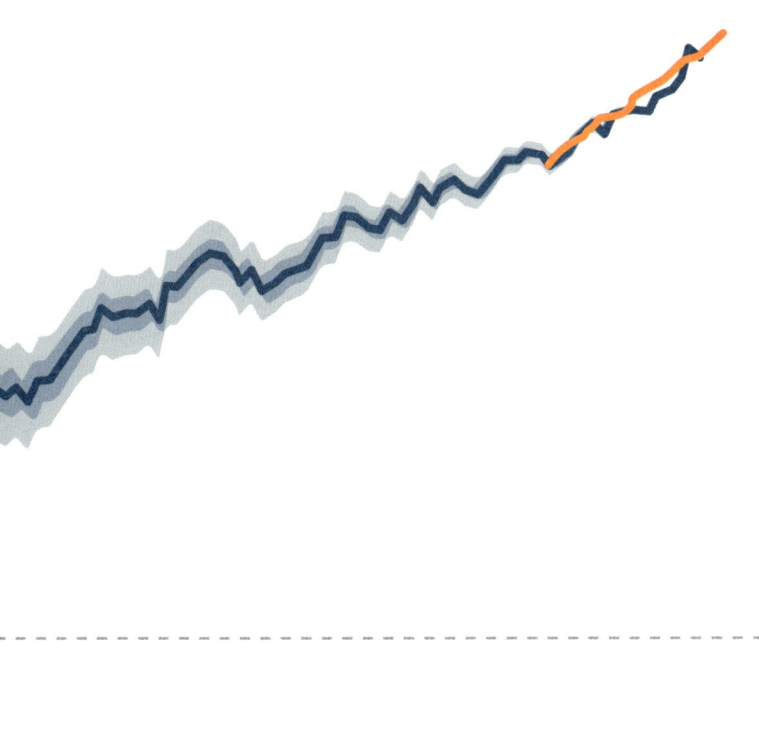

1960   1980   2000

weit dem Risiko von Überflutungen ausgesetzt. „Dem aktuellen Trend zufolge", so Shepherd weiter, „wird das Schmelzen des Grönlandeises gegen Ende des Jahrhunderts dazu führen, dass jährlich etwa hundert Millionen Menschen von Überschwemmungen betroffen sind, insgesamt werden das etwa 400 Millionen Menschen sein. Das sind keine unwahrscheinlichen Ereignisse oder solche von geringem Einfluss; sie finden bereits statt und werden für die Gesellschaften in Küstengebieten zerstörerisch sein."[10]

Ein nur scheinbar geringfügig höherer Meeresspiegel hat bereits jetzt auch bei tropischen Stürmen schwerwiegende Folgen: Bei den dabei ausgelösten Sturmfluten macht jeder Zentimeter, den das Wasser höher steigt, einen gewaltigen Unterschied. Immer öfter überschwemmen die Fluten bei solchen Ereignissen nun Regionen oder Stadtgebiete, die zuvor noch nie betroffen waren und daher oft nur unzureichend vorbereitet sind. Dazu kommen wesentlich größere Niederschlagsmengen bei Wirbelstürmen, was daran liegt, dass die Luft bei nur um 1° C höherer Temperatur gleich sieben Prozent mehr Wasser aufnehmen kann. Dieses regnet dann wiederum in einem Hurrikan herunter. Auch die wärmere Meerestemperatur an der Oberfläche verstärkt die Häufigkeit und Intensität von tropischen Wirbelstürmen: Damit ein Hurrikan entstehen kann, braucht es eine Oberflächentemperatur des Wassers von mehr als 26° C. Die Bereiche unserer Meere, in denen Bedingungen herrschen, unter denen sich tropische Wirbelstürme bilden können, dehnen sich aus. Das belegen aktuelle

Messreihen, die eine Zunahme besonders starker Tropenstürme zeigen. Einige ungewöhnlich heftige Stürme sind uns noch in Erinnerung, etwa Katrina, die 2005 große Teile von New Orleans unter Wasser gesetzt hat, oder Sandy, die 2012 die New Yorker U-Bahn überflutete.

Auf „unserer" Seite des Atlantiks hingegen könnte das Einfließen kalten Wassers aus Grönland und der Arktis eine weitere bedeutende Änderung verursachen. Durch die Abkühlung schwächt sich der Nordatlantikstrom (oft auch nicht ganz richtig und vereinfacht Golfstrom genannt) ab, derzeit ist das nur in geringem Ausmaß der Fall. Letztendlich könnte er total zum Erliegen kommen.

Da der Nordatlantikstrom als „Wärmepumpe" Europas fungiert, hätte eine weitere Abschwächung Auswirkungen auf das Wetter in Europa, dies wird in der Wissenschaft momentan heftig diskutiert. Eine Abkühlung wäre für Europa die Folge. Die Hoffnung, dass diese Abkühlung die Erwärmung kompensieren würde, wird sich aber nicht erfüllen: Die Erwärmung könnte im besten Fall etwas abgeschwächt werden.

Kipppunkte und Rückkopplung

Viele von der menschengemachten Erwärmung angestoßene Prozesse in unserem Klimasystem laufen unabhängig voneinander, wachsen mit der globalen Erwärmung stetig an oder verstärken sich durch die höheren Temperaturen immer mehr. Ginge die Temperatur wieder zurück, würden auch sie sich wieder abschwächen.

In einigen Teilsystemen des Klimas – wie dem asiatischen Monsun, den Permafrostgebieten, dem Amazonasregenwald oder dem arktischen Meereis besteht hingegen die Gefahr, dass wir sogenannte Kipppunkte (Tipping Points) erreichen, also bestimmte kritische Grenzwerte. Sind diese einmal überschritten, gibt es kein Zurück mehr, der Prozess wird zum unaufhaltsamen und unumkehrbaren Selbstläufer. Sie können sich das so vorstellen, wie wenn ein kleines Kind seinen Suppenteller langsam immer weiter in Richtung Tischrand und darüber hinaus schiebt. Eine Zeit lang passiert gar nichts. Erreicht der Suppenteller aber seinen Kipppunkt, fällt er vom Tisch.

Sehr nahe am Kipppunkt – laut manchen Wissenschaftlern sogar schon darüber hinaus – ist das Eis am Nordpol, das arktische Meereis. Da in den zunehmend eisfreien Regionen die Oberfläche dunkler geworden ist, als es die Eisflächen zuvor waren, kommt es zu einer Rückkopplung: Konnten die hellen Eisflächen einen großen Teil der Sonneneinstrahlung zurückwerfen, absorbieren die nun dunkleren Flächen mehr Strahlung und wandeln sie in Wärme um. Dadurch wird es noch schneller und noch stärker warm, die Eisschmelze erfährt eine zusätzliche Beschleunigung.

Auch beim Grönlandeis könnte ein selbstverstärkender Effekt eintreten. Nach wie vor sind die Eismassen dort 3000 Meter dick und reichen so hoch hinauf, dass es kalt genug für Schneefall ist. Taut das Eis jedoch weiter und weiter, sinkt es auf eine Höhe ab, in der es wärmer ist.

Es fällt dann öfter Regen statt Schnee und die Schmelz-
phasen werden länger. Der Kipppunkt könnte hier bereits
bei einer Erwärmung von 1,5 bis 2° C erreicht sein.

Besonders kritisch ist die Situation beim Auftauen
von Permafrostböden wie etwa in Sibirien. Sobald diese
Permafrostböden auftauen, wird durch biologische
Abbauprozesse Methan freigesetzt. Methan als extrem
starkes Treibhausgas verstärkt wiederum die Erwärmung,
wodurch der Permafrost noch schneller und stärker
schmilzt. So entsteht hier eine wachsende und nicht zu
kontrollierende Treibhausgasquelle.

Eine Untersuchung des Risikos selbstverstärkender Rückkopplungen im Klimasystem teilt die Kippelemente nach
der Erwärmung, durch die sie wahrscheinlich ausgelöst
werden, grob in drei Gruppen ein:

1° C – 3° C: Abschmelzen des Grönländischen
Eisschildes, der sommerlichen
arktischen Meereisbedeckung, der
alpinen Gletscher und des Westantarktischen Eisschildes sowie
Absterben fast aller Korallenriffe;

3° C – 5° C: unter anderem Rückgang borealer Wälder,
Veränderung der El Niño-Southern Oscillation
(ENSO), Verlangsamung des „Golfstroms",
Verödung des tropischen Regenwaldes,
Zusammenbruch des indischen Sommer-
monsuns;

> 5° C: weitgehendes Abschmelzen des Ostantarktischen Eisschildes und des winterlichen arktischen Meereises, Anstieg des Meeresspiegels um mehrere Dutzend Meter, großflächiges Auftauen der Permafrostböden.

In einem Bericht über die Kipppunkte und ihre Auswirkungen auf das Klimasystem, der vom PIK (Potsdam-Institut für Klimafolgenforschung) und der Leibniz-Gemeinschaft (Zusammenschluss deutscher außeruniversitärer Forschungsinstitute unterschiedlicher Fachrichtungen) an das deutsche Bundeskanzleramt geschrieben wurden, ist zu lesen: „Die Kipppunkte im Erdsystem stellen gravierende Risiken für die Menschheit dar, zusätzlich zu den ohnehin durch die globale Erwärmung verursachten schwerwiegenden Folgen. Sie können unkontrollierbare selbstverstärkende Prozesse auslösen, die u.a. zu einem Jahrtausende anhaltenden massiven Anstieg des Meeresspiegels oder zum Totalverlust wichtiger Ökosysteme führen, oder sie können zu verstärktem Extremwetter beitragen. Einige dieser Prozesse können auch den globalen Temperaturanstieg weiter verstärken, zum Beispiel der Eisverlust (weil weniger Sonneneinstrahlung durch helle Eisflächen reflektiert wird), sowie die Freisetzung von CO_2 durch den Verlust von Wald oder das Tauen von Permafrost. Durch Letzteres wird zusätzlich Methan freigesetzt."[11]

Diese Rückkopplungen werden auch im Sonderbericht des IPCC thematisiert, der zur Vorbereitung der 24. Weltklimakonferenz in Katowice verfasst wurde. Sie betreffen außerdem das globale CO_2-Budget, das uns zum

Erreichen des in der Pariser Klimakonferenz beschlossenen Ziels einer Beschränkung der Erderwärmung auf 1,5° C noch verbleibt. Dieses globale Restbudget beträgt 420 Gigatonnen, es könnte sich aber eben genau durch diese Rückkopplungen um 100 Milliarden Tonnen CO_2 reduzieren.

Was können wir tun?

Mit Herz und Verstand handeln

Seit zehn Jahren lebe ich nun schon im Burgenland, sehr nahe am Neusiedler See. In meiner Freizeit spaziere ich oft zum See hinunter und setze mich ans Ufer, manchmal laufe ich durch den Nationalpark oder fahre mit dem Fahrrad um den See.

Wussten Sie, dass man bei guten Wetterbedingungen vom Ufer des Neusiedler Sees bis zum Schneeberg sehen kann?

An den See zieht es mich zu jeder Jahreszeit, und das ist auch etwas, das mich immer wieder aufs Neue fasziniert: Wir leben in einem Teil der Welt, der uns vier unterschiedliche Jahreszeiten bietet. Jede davon hat etwas Schönes: Im Winter friert der See zu, und viele Menschen sind mit Schlittschuhen darauf unterwegs, im Frühling blühen zwischen See und Leithagebirge unzählige Kirschbäume, im Sommer kommen viele zum Baden, Surfen oder Segeln ans Wasser, und im Herbst wird die Landschaft golden, wenn sich die vielen Weingärten der Region verfärben.

Ich kann jeder Jahreszeit etwas abgewinnen, die Abwechslung macht es aus. Österreich ist wirklich begünstigt, was das Klima betrifft. Es bietet gute Voraussetzungen für die Landwirtschaft, die vielen Landstrichen erst ihren unverwechselbaren Charakter verleiht, von den burgenländischen Wein- und Kirschgärten über Wachauer Marillen, Mostviertler Streuobstwiesen oder steirische Kürbisfelder bis zu den Almweiden im Gebirge – und das sind nur einige wenige Beispiele. Auch der Tourismus ist genau durch diese klimatischen Bedingungen zu einem so wichtigen Wirtschaftsfaktor geworden. In Österreich kann man nicht nur die Landschaften, sondern auch das Wetter auf viele Arten genießen: Sei es beim Skifahren, Snowboarden oder Schneeschuhwandern im Winter in den verschneiten Bergen, sei es im Sommer am burgenländischen Steppensee oder am Kärntner Gebirgssee, sei es beim Wandern, Radfahren oder Klettern – die Möglichkeiten sind unbegrenzt. Durch das abwechslungsreiche Wetter, das unser gemäßigtes Klima definiert, wird Österreich erst schön für uns und attraktiv für Besucher aus aller Welt.

Diese Schönheit, aber auch die Voraussetzungen für unser gutes Leben mit ausreichend Nahrungsmitteln und Trinkwasser, kurz: das, was Österreich für uns heute ausmacht – all das steht durch den Klimawandel auf dem Spiel und ist massiv gefährdet.

Und natürlich viel mehr als das. Die Gefährdung macht vor keinen Grenzen halt, sie betrifft unsere ganze Erde. Sie kennen bestimmt aus dem Weltall aufgenommene Fotos, auf denen man die Sonne hinter der Erde aufgehen sieht – das ist ein überwältigend schöner Anblick, bei dem auch die Zartheit und Verletzlichkeit dieser dünnen Schicht Atmosphäre sichtbar wird, die unseren Planeten umhüllt. Astronauten erzählen nach ihrer Rückkehr von der Internationalen Raumstation immer wieder, wie bei diesem Blick ihre unterschiedlichen Herkunftsländer bedeutungslos werden und sie die Erde als ihr gemeinsames Zuhause begreifen. Ähnlich schilderte der Schweizer Bertrand Piccard den Blick von oben, als ich ihn für das ORF-Fernsehen interviewte. Piccard hatte im Jahr 1999 bei seinem dritten Versuch die Erde erfolgreich in einer Nonstop-Ballonfahrt umrundet und damit einen Weltrekord aufgestellt. Knapp zwanzig Tage lang hat er die Erde aus großer Höhe von seiner Kapsel aus betrachtet. Er schwärmte nicht nur von der Vielfalt und Schönheit, die zu erkennen war. Ihm wurde dort oben auch klar, dass die Erde für alle Menschen genug Platz für ein gutes Leben bereithält. Diese einmalige Schönheit unseres Planeten und die günstigen Lebensbedingungen, die er uns bietet, sollten es uns selbstverständlich wert sein, alles daranzusetzen, um diese der Nachwelt zu erhalten. Aber tun wir das auch?

Ich frage mich das oft und versuche dann, mir unser Österreich in dreißig oder fünfzig Jahren vorzustellen. Und in meiner Fantasie ist es dann noch immer ein schönes Land: Weil wir rechtzeitig alle Maßnahmen getroffen haben, um die Erwärmung einzudämmen und unser Klima stabil zu halten – weil wir den Schutz unserer Umwelt ernst genommen haben. Dadurch ist zumindest in meinem Kopf eine Zukunft entstanden, die uns weiterhin alle lebenswichtigen Grundlagen bietet. In dieser Zukunft werden wir aber viele unserer jetzigen Gewohnheiten geändert haben. Viele Bereiche unseres Lebens werden nicht mehr so sein, wie wir es heute noch gewöhnt sind.

Auch das Klima wird sich verändert haben, und das Wetter ist nicht mehr wie jetzt. Die Erwärmung lässt sich nämlich nicht mehr stoppen oder umkehren. Wir können nur noch entscheiden, um wie viel es wärmer wird.

Wir stehen vor zwei Alternativen: Wir tun so weiter wie bisher, pfeifen auf alle relevanten wissenschaftlichen Erkenntnisse, ignorieren die Anzeichen und zerstören damit unsere Umwelt weiter. Dann wird die Erwärmung radikal ausfallen. Oder wir beginnen umzudenken und entsprechend zu handeln und versuchen, die Ziele des Pariser Abkommens doch noch zu erreichen.

Es ist wichtig, endlich vom Wissen ins Handeln zu kommen. Die Erwärmung ist bei uns angekommen. Sie ist real. Sie ist von uns gemacht. Sie ist eine ernste Bedrohung. Und noch ist das Problem lösbar – uns bleibt aber nicht mehr viel Zeit.

Man kann dem Klimawandel auf drei Ebenen begegnen. Wir unterscheiden zwischen Gegenmaßnahmen, Minderungsmaßnahmen und Anpassungsmaßnahmen.

Gegenmaßnahmen

Seit langer Zeit wird auf unterschiedliche Weisen versucht, das Wetter zu beeinflussen oder zu verändern. Schon 1891 etwa führte der Amerikaner Robert G. Dyrenforth mit einem Team in Texas Wetterexperimente durch. Sein Ziel war, in der trockenen Gegend Regen herbeizuführen. Sie ließen einen mit Wasserstoff gefüllten Ballon auf rund 2000 Meter Höhe steigen. Danach wurden Drachen entzündet, die mit Dynamit präpariert waren. Die Washington Post berichtete am 20. August 1891, dass der Luftdruck fiel und es zu regnen anfing. Auch heute wird in manchen

Regionen in Österreich versucht, Hagel zu verhindern, indem Flugzeuge über anwachsende Gewitterwolken fliegen und diese mit Silberjodid „impfen", damit der Regen aus den Wolken fällt, bevor sich Hagel bilden kann. Letztlich ist die Wirkung solcher versuchter Wetterbeeinflussungen aber fraglich, ihr Erfolg wissenschaftlich nicht belegbar – es könnte genauso gut zufällig geregnet haben.

Ganz ähnliche Überlegungen gibt es in Bezug auf den Klimawandel. Wohl mit dem Hintergedanken: Wenn wir schon die globale Erwärmung verursachen, dann können wir dieser doch auch entgegenwirken. Auf diese Art und Weise sind einige teils sehr abenteuerlich klingende Ideen entstanden. Diese angedachten technischen Lösungen werden unter dem Begriff Geoengineering[12] zusammengefasst. Ich möchte Ihnen ein paar ausgewählte hier vorstellen.

Im Prinzip stehen zwei Möglichkeiten im Raum. Zum einen könnte man die ankommende Energie reduzieren, also die Sonneneinstrahlung verringern. Oder man versucht, das CO_2 aus der Atmosphäre zu saugen und so die Probleme der Erderwärmung zu stoppen.

Mit diesen Vorgaben sind zahlreiche, oft recht fantasievolle Ideen und Pläne entwickelt worden: Etwa, im Weltall Spiegel anzubringen, die einiges an Sonnenstrahlung reflektieren würden, bevor sie auf die Erde trifft, und so den Energieinput verkleinern und den Temperaturanstieg durch unsere Treibhausgasemissionen kompensieren könnten. Schon im Jahre 1992 wurden die Kosten für ein solches Projekt grob geschätzt: Man kam auf über hundert Milliarden Dollar, um die Sonnenstrahlung um ein Prozent zu mindern. Heute ist man bei den Berechnungen schon bei Billionen von Dollar angekommen.

Andere Forscher haben die Idee, den oberen Teil unserer Atmosphäre, die sogenannte Stratosphäre, so zu verändern, dass hier weniger Sonnenstrahlung eindringen kann, sie also quasi zu verdunkeln. Der Nobelpreisträger Paul Josef Crutzen hat im Jahr 2006 eine Art „Giftkur" für das Weltklima vorgeschlagen:[13] Die Erde soll eine Sonnenbrille bekommen. Feinste Schwefelpartikel, ausgebracht in zehn bis fünfzig Kilometer Höhe, sollen das Sonnenlicht dämpfen. Um ein paar Prozent nur, aber das würde reichen, damit die Temperatur auf der Erde bis zum Ende des Jahrhunderts nur um 2 bis 2,5° C ansteigt. Bei diesem Vorhaben würde man versuchen, die Wirkung großer Vulkanausbrüche nachzustellen. Nach dem Ausbruch des Vulkans Pinatubo 1991 auf den Philippinen etwa sank die Temperatur vorübergehend weltweit um 0,5° C, da durch die Aschewolke weniger Sonnenstrahlung durch die Atmosphäre dringen konnte. Leider gibt es dabei eine gravierende Nebenwirkung: Die in die Stratosphäre gelangten Partikel zerstörten dort auch die uns schützende Ozonschicht. Dennoch wird in diese Richtung weitergeforscht, etwa in einem Projekt mit dem Namen Stratospheric Controlled Perturbation Experiment (SCoPEx), das von einem Forscherteam der Harvard University geleitet und von Microsoft-Gründer Bill Gates zumindest mitfinanziert wird.[14]

Wie sieht es nun mit der Möglichkeit aus, Wege zu finden, wie wir das CO_2 aus der Atmosphäre herausbekommen können? Immerhin machen uns die Bäume genau das vor, und so wird bereits an der Herstellung überdimensionaler, viel effizienterer synthetischer Wunderbäume gearbeitet. Etwa am Center for Negative

Carbon Emissions (CNCE) der Arizona State University, wo ein synthetisches Material entwickelt wurde, das CO_2 absorbieren kann.[15]

Der Haken an der Sache: Es bräuchte über die ganze Welt verteilt viele Millionen solcher Bäume, an eine schnelle praktische Umsetzung der sicherlich faszinierenden Idee ist in absehbarer Zeit nicht zu denken.

Bei weiteren Geoengineering-Konzepten rücken die Ozeane in den Fokus. Da Algen und Seegras mehr CO_2 als Bäume binden, entstand der Plan, ihr Wachstum durch großflächige Düngung mit Eisen zu fördern, damit sie mehr CO_2 aus der Atmosphäre aufnehmen können.[16] Doch diese wie auch andere angedachte Lösungen zur technischen Veränderung des Klimas sind nicht nur kostspielig, sondern tragen vor allem die Gefahr in sich, dass wir in ein sehr komplexes System eingreifen. Die Auswirkungen und Folgen davon können wir sehr schwer, teilweise gar nicht abschätzen. Wir wissen einfach nicht genau, was passiert, wenn wir hier beginnen, an verschiedenen Schrauben zu drehen. Durch komplexe Rückkopplungen und nicht bedachte Mechanismen können unvorhergesehene Dinge eintreten. Im Extremfall ist die Lösung dann noch viel gefährlicher als das ursprüngliche Problem – vor unerwünschten Nebenwirkungen solcher Vorschläge sei hier daher ausdrücklich gewarnt.

Ich habe oft das Gefühl, dass es sich beim Geoengineering zum einen um Wunschdenken handelt – wir haben es zwar vermasselt, aber die Wissenschaft wird uns da schon irgendwie rausholen –, zum anderen um eine gefährliche Ausrede: Die Klimapläne vieler Staaten lassen große Lücken zwischen den in Paris gesetzten Zielen und den konkret geplanten Einsparungen klaffen. Davon auszugehen, dass „die Wissenschaft" diese Lücken schon irgendwie schließen werde, ist grob fahrlässig. So lösen wir unsere Probleme nicht, sondern verschärfen sie weiter.

Dazu kommt noch eine offene Frage: Falls wir das Klima beeinflussen und ändern könnten – wer würde dann bestimmen, auf welches Klima wir hinarbeiten? Wer würde das „ideale" oder „optimale" Klima definieren? Ich kann mir hier eine globale Einigung beim besten Willen nicht vorstellen.

Zuletzt halte ich solche künstlichen oder technischen Eingriffe nicht für nötig. Wir haben derzeit noch die Möglichkeit, die Herausforderungen auch mit den beiden Alternativen zu lösen, die uns bleiben – Reduzieren und Anpassen.

Minderungsmaßnahmen

Die Gegenmaßnahmen bringen uns nicht weiter. Wir müssen daher damit beginnen, unsere Emissionen herunterzufahren, unseren Treibhausgasausstoß zu verringern, klimafreundlich zu denken und auch zu handeln.

Die gute Nachricht: Das ist so einfach, dass jeder sofort damit beginnen kann. Denn wir erzeugen bei fast allem, was wir tun, Treibhausgase: Beim Reisen, Essen und Trinken, wenn wir das Licht aufdrehen, wenn wir baden oder duschen, in die Arbeit fahren, zu Hause im

Internet surfen, mit dem Auto fahren oder auf Urlaub fliegen. Bei all diesen Tätigkeiten tragen wir zum Ausstoß von Treibhausgasen bei. Wenn wir uns Gedanken über unsere Mobilität, unsere Ernährung und unseren Konsum machen, dann finden wir unzählige Möglichkeiten, wie jede und jeder von uns den CO_2-Ausstoß reduzieren und unser Klima schützen kann.

Auf einige dieser Bereiche möchte ich noch genauer eingehen:

Mobilität

Wir alle sind viel unterwegs. Auf ganz verschiedene Arten, mit ganz unterschiedlichen Zielen. Laut Umweltbundesamt zählt in Österreich der Verkehrssektor mit einem Anteil von 29 Prozent zu den Hauptverursachern für Treibhausgasemissionen.[17] Dabei ist der höchste Anteil der Emissionen auf den Straßenverkehr und hier insbesondere auf den Pkw-Verkehr zurückzuführen.[18]

Gerade beim Individualverkehr können viele recht einfach ihren Beitrag zum Klimaschutz leisten, weil für viele Wege oder Fahrten gute Alternativen vorhanden sind, die oft dazu auch noch ein stressfreieres, pünktliches, vielleicht sogar günstigeres und vor allem auch angenehmeres Reisen ermöglichen. Dazu müssen wir allerdings ein wenig umdenken und manche Gewohnheiten ändern. Versuchen Sie es doch einmal. Überlegen Sie vor jedem Weg, den Sie zurücklegen müssen, wie Sie diesen Weg zurücklegen können. Vielleicht hilft Ihnen folgende Grafik.

Umgekehrte Verkehrspyramide

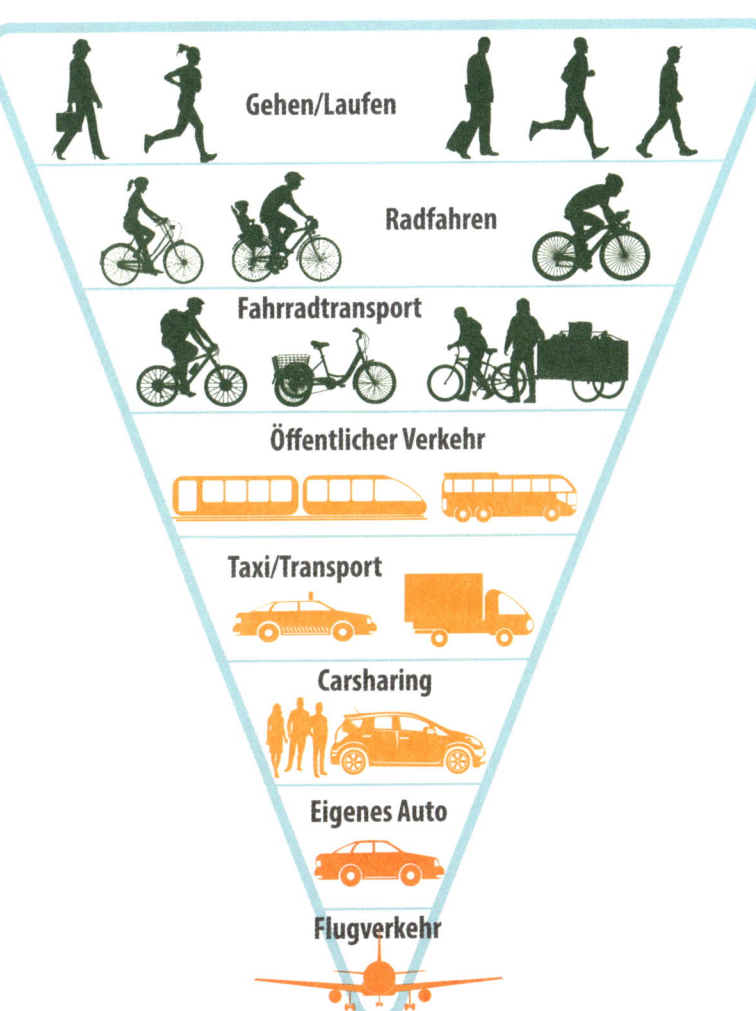

Lesen Sie von oben nach unten – die Frage ist: Kann ich die geplante Strecke selbst aktiv bewältigen, kann ich zu Fuß gehen oder mit dem Fahrrad fahren? Auch für kleinere bis mittlere Transporte gibt es Fahrräder, mit denen man den Einkauf nach Hause transportieren kann oder sogar die Kinder in die Schule. Als Nächstes kommen in unserer inversen Verkehrspyramide die Öffis. In großen Städten sind die öffentlichen Verkehrsmittel gut ausgebaut und fahren teilweise sogar rund um die Uhr. In Wien bekommt man das alles um nur einen Euro pro Tag mit der Jahreskarte. Kein Stau, kein Parkplatzsuchen, das ist für mich eine gute Alternative. Für Transporte können Leihautos gemietet werden, für gelegentlich dringende Strecken sind Taxis eine gute Wahl, und immer öfter wird auch Carsharing angeboten. Erst am Ende unserer Pyramide kommt das eigene Auto, danach das Flugzeug.

Falls es am Ende doch das eigene Auto sein muss: Haben Sie schon über ein E-Auto nachgedacht? Davon sprechen derzeit viele, doch neu ist die Idee keineswegs. Das erste „offiziell" anerkannte Elektrofahrzeug baute ein Ingenieur namens Gustave Trouvé in Paris im Jahr 1881 zusammen. Die Reichweite betrug immerhin 14 bis 26 Kilometer bei einer Geschwindigkeit von 12 km/h. Heute, 140 Jahre später, kommen Sie mit einem Elektroauto schon mehr als 500 Kilometer weit, und das bei Höchstgeschwindigkeiten, die über den gesetzlichen Limits in Österreich liegen. Neunzig Prozent der gefahrenen Strecken könnten somit schlagartig „elektrifiziert" werden, eine überwältigende Zahl der Fahrzeuge wäre dann geräuscharm und ohne Ausstoß von Abgasen unterwegs.

Dazu kommt, dass E-Autos preislich immer interessanter werden und sich bereits nach kurzer Zeit rechnen, etwa durch geringere „Treibstoffkosten", geringere Wartungskosten und einen höheren Wiederverkaufswert. Ein Vergleich etwa bei Renault, zwischen Captur (Benzin) und ZOE (elektrisch), zeigt zunächst, dass der Benziner in der Anschaffung um 1440 Euro günstiger ist. Betrachtet man allerdings die Gesamtkosten nach acht Jahren und 35.000 Kilometern pro Jahr, so muss sich am Ende der Captur dem ZOE geschlagen geben und zwar mit einem satten Unterschied von 9000 Euro.[19]

Ich persönlich halte es nicht mehr für zeitgemäß, heute mit Autos zu fahren, die mit fossilen Energieträgern betrieben werden. Das goldene Zeitalter von Benzin und Diesel ist vorbei, die Tage der Verbrennungsmotoren sind gezählt.

Ich habe das so ähnlich auch einmal bei einem Vortrag an einer Wiener Schule gesagt, als ich dort im Rahmen eines Klimatages einen Vortrag zum Klimawandel hielt. Wochen später kontaktierte mich das Umweltbundesamt. Dort hatten die Schülerinnen und Schüler nach meinem Vortrag einen Workshop absolviert, und zwar in Begleitung ihrer Physiklehrerin, die eher skeptisch auf meine Empfehlung in Richtung E-Mobilität reagiert hatte. Eine rege Diskussion unter den Expertinnen und Experten des Umweltbundesamtes war die Folge, die neuesten Studien und Erkenntnisse wurden noch einmal durchgeackert und überprüft. Der abschließende Kommentar, den mir ein Mitarbeiter des Umweltbundesamtes zusandte, lautete wie folgt: „Im Prinzip ist ein E-Auto sehr viel effizienter als ein Verbrenner.

Ein Elektromotor hat einen Wirkungsgrad von rund neunzig Prozent, ein Verbrennungsmotor rund dreißig Prozent. Hier gibt es große Vorteile für E-Autos. Es stimmt zwar, dass der Akku viel Energie zur Produktion benötigt. Aber es muss auch das restliche Auto produziert werden. Und hier hat ein E-Auto wesentlich weniger Teile als ein Verbrenner. Beim E-Auto fehlt z.B. vollkommen die Abgasnachbehandlung. Auch der E-Motor ist bedeutend weniger kompliziert als ein Verbrennungsmotor. Fazit: Das E-Auto (samt Akku) hat zwar bedeutend höhere Emissionen in der Herstellung, diese werden aber durch den Wirkungsgradvorteil sehr schnell wieder aufgeholt."[20] Nicht zu vergessen ist in diesem Zusammenhang auch der besonders gute Strommix in Österreich.

Die Vorteile der Elektroautos liegen also auf der Hand. Sie können einen großen Beitrag zur Reduktion von CO_2-Emissionen im Verkehr leisten, auch wenn die Akkuherstellung heute noch sehr viel Energie benötigt. Probleme wie dieses, die Elektrofahrzeuge noch haben, können gelöst werden. Die der Fahrzeuge mit Verbrennungsmotor nicht.

Ernährung

Unsere Ernährung, vom Acker bis zum Teller, ist für etwa zwanzig, nach manchen Studien sogar bis zu dreißig Prozent der CO_2-Emissionen verantwortlich. Dass wir beim Essen CO_2 produzieren, können wir nicht verhindern – wie viel wir davon produzieren, können wir hingegen steuern: Indem wir uns gut überlegen, welche Lebensmittel wir in welcher Menge wann und wo einkaufen, wie wir sie verpacken, transportieren, lagern – und schließlich zubereiten.

Will man beim Essen das Klima nicht belasten, ist es naheliegend, zunächst auf die Herkunft der Lebensmittel zu achten: Ein kürzerer Transportweg verursacht weniger CO_2-Emissionen als Lebensmittel, die per Schiff und Lkw Tausende Kilometer weit transportiert werden. Und tatsächlich ist „regional" mittlerweile ein wichtiges Kaufargument geworden – sogar Coca-Cola wirbt schon mit dem Slogan „Regional produziert und getrunken".[21]

Ganz so einfach ist die Angelegenheit aber nicht. Denn wenn es auch völlig klar ist, dass Unmengen von CO_2 sinnlos in die Atmosphäre geblasen werden, wenn man im Winter Frühlings- und Sommergemüse wie Spargel, Gurken oder Tomaten auf dem Teller haben möchte, so heißt das im Umkehrschluss nicht, dass konventionell produzierte Lebensmittel aus der näheren Umgebung automatisch gut fürs Klima sind. Dazu fehlen vor allem verbindliche Kriterien dafür, was „regional" im konkreten Fall bedeutet. Wie regional ist beispielsweise Fleisch, wenn das Tier, von dem es stammt, mit Soja aus Brasilien gefüttert wurde? „Wenn das Saatgut aus dem Ausland stammt, das Vlies, auf dem die Setzlinge wachsen, aus Kokos ist, die Anzuchterde wie der Dünger und das Gift zum „Pflanzenschutz" importiert werden und auch die Saisonarbeitskräfte zur Erntezeit aus Osteuropa anreisen, dann bleibt als regionale Zutat manchmal wirklich nur mehr das Wasser übrig", bringt der Autor, Publizist und Herausgeber Thomas Weber die Problematik auf den Punkt.[22]

Und manchmal ist der CO_2-Ausstoß bei regional hergestellten Lebensmitteln wegen des hohen Energieaufwandes sogar größer als der, den ein weiter Transportweg verursacht: „Was die CO_2-Bilanz angeht, sind italienische Biotomaten gegenüber konventionellen aus dem Glashaus aus der Gegend klar zu bevorzugen", so Weber weiter.

Regionalität allein reicht also nicht aus, wenn man beim Lebensmitteleinkauf das Klima schonen will. Natürlich sind kurze Wege wichtig, doch neben der Frage nach dem Aufwand, den es bedeutet, Sommergemüse im österreichischen Winter wachsen zu lassen, ist vor allem die Art der Landwirtschaft entscheidend: Bio-Landwirtschaft mit ihren strengen, im Gegensatz zu oft vagen „Regional"-Labels auch nachprüfbaren Kriterien ist eine der effizientesten Methoden, beim Einkauf das Klima zu schützen. Biologisch bewirtschaftete Böden speichern wesentlich mehr CO_2, die biologische Landwirtschaft emittiert auch wesentlich weniger CO_2 als konventionelle Landwirtschaft, indem sie auf Stickstoffdünger, Pflanzengifte und importierte Futtermittel verzichtet.[23]

Bei allen Vorzügen der Bio-Landwirtschaft sollte man eines nicht vergessen: Die beste Lösung für das oben genannte Problem ist natürlich, im Winter auf Tomaten möglichst zu verzichten – und sich auf die Zeit zu freuen, in der das Lieblingsgemüse wieder Saison hat und auch außerhalb von (beheizten) Glashäusern reifen kann.

Behält man beim Einkauf also die drei Schlagwörter *bio*, *saisonal* und *regional* im Hinterkopf, ist das eine gute Ausgangsbasis für klimaschonende Ernährung. Wie bei der Mobilität, wo man manchmal eben doch ins Flugzeug steigen wird, gilt es auch bei der Ernährung immer wieder, bewusste Entscheidungen zu treffen, Alternativen abzuwägen und die eine oder andere Ausnahme, die man sich eben gönnt oder die man nicht vermeiden kann, wirklich eine Ausnahme bleiben zu lassen. Kaufen Sie also so bio, regional und saisonal wie eben möglich.

Je weniger stark verarbeitet die Lebensmittel sind, die Sie zubereiten, desto leichter fällt es, den Überblick über die Zutaten zu behalten. Beinahe jedes zweite Produkt in unseren Supermärkten enthält beispielsweise Palmöl, das wegen seines reichen Ertrags und seiner günstigen Eigenschaften vor allem in Malaysia, Indonesien und Westafrika im großen Stil angebaut wird. Die Nachfrage nach dem günstigen und vielseitig verwendbaren Öl ist in den letzten Jahren förmlich explodiert. Doch wo heute endlose Ölpalmenplantagen an den Horizont reichen, erstreckten sich noch vor wenigen Jahren tropische Regenwälder, die durch Brandrodungen zerstört wurden und noch immer werden – riesige, CO_2-bindende Wälder und Torfböden gehen so verloren, gigantische Mengen CO_2 werden freigesetzt. Indonesien, dessen wirtschaftliche Potenz nur einem Zwanzigstel jener der USA entspricht, wurde dadurch zum weltweit drittgrößten CO_2-Emittenten, schreibt Thomas Weber. „Im Herbst 2015 entsprachen die CO_2-Emissionen der indonesischen Regenwaldfeuer in nur drei Wochen dem Gesamtjahresausstoß Deutschlands (wo das Palmöl absurderweise dem Treibstoff beigemengt wird, um die „Klimabilanz" der Bundesrepublik zu schönen)."[24]

Der Autor unternahm auch einen Selbsttest und versuchte, einige Tage lang palmölfrei zu leben – gar keine leichte Übung. Sein Fazit: „Es ist wohl kein Zufall, dass Palmöl mittlerweile zwar fast in jedem zweiten im Supermarkt erhältlichen Lebensmittel enthalten ist, aber kein

Mensch eine Flasche Palmöl zum Verfeinern des Selbstgekochten zu Hause hat. [...] Freiwillig frisst keiner von uns den Regenwald auf. Doch das Palmöl wird uns von der Industrie untergejubelt."[25]

Noch ein Lebensmittel, oder eigentlich eine ganze Gruppe, wird derzeit kontrovers diskutiert: Fleisch und andere Lebensmittel tierischer Herkunft wie Eier oder Milchprodukte. Schließlich ist die (Massen-)Tierhaltung nicht nur oft mit Tierquälerei verbunden, sondern außerdem besonders klimaschädlich – vor allem dann, wenn Grasfresser wie Rinder oder Schafe mit Kraftfutter aus Mais oder Sojabohnen gemästet werden, für dessen Anbau große Waldflächen gerodet wurden.

Dass zu viel Fleisch sowohl der Gesundheit als auch dem Klima schadet, ist unbestreitbar. Österreich zählt zu den Ländern mit dem weltweit höchsten Pro-Kopf-Konsum von Fleisch, und das sollten wir dringend ändern: um das Klima zu schützen, aber auch, um uns selbst etwas Gutes zu tun. Die gute Nachricht für Freunde des – besser nicht mehr täglichen – Schnitzels: Vegetarismus oder Veganismus mag für viele eine sinnvolle Form der Ernährung darstellen, für die Gesellschaft insgesamt gesehen, sind beide aber kein Ziel. Ohne Nutztiere, die die Böden düngen, wäre Landwirtschaft ganz einfach nicht möglich. Zwei Drittel der landwirtschaftlichen Flächen weltweit sind Wiesen – die nur durch Beweidung zur menschlichen Ernährung beitragen können. Verzichten Sie also nicht unbedingt völlig auf Fleisch, begnügen Sie sich aber mit einer vernünftigen Menge davon – das sind zwei bis drei Portionen pro Woche – und achten Sie darauf, wie die Tiere, von denen das Fleisch stammt, ernährt wurden. Auch dabei gibt Ihnen, wenn Sie keinen Bauern oder Fleischhauer Ihres Vertrauens kennen, das Bio-Siegel Sicherheit, dass die Tiere artgerecht gehalten und gefüttert wurden. Bei Milchprodukten helfen Labels wie „Heu- oder Wiesenmilch" dabei, eine Landwirtschaft zu unterstützen, die das Tierwohl und gleichzeitig das Klima schützt. Hannes Royer, der als Bauer und Gründer des Vereins „Land schafft Leben" mehr Bewusstsein für den Wert heimischer Lebensmittel erzeugen will, hat das notwendige Umdenken in einem Gespräch mit mir so zusammengefasst: „Mach dich mit den Produktionsbedingungen deiner Lebensmittel vertraut und ihrer jeweiligen Klimabilanz. Das ist zwar mit ein bisschen Aufwand verbunden, schärft aber dein Bewusstsein und lässt dich klimafit entscheiden."

Ein wichtiger Punkt zum Abschluss: Wir wenden sehr viel Energie zur Produktion von Lebensmitteln auf – und doch landet weltweit ein unfassbares Drittel davon im Müll. Allein über den Restmüll wirft durchschnittlich jeder Wiener und jede Wienerin vierzig Kilogramm Lebensmittel pro Jahr einfach weg.[26] Ein erster Schritt zur CO_2-Reduktion beim Kochen beginnt daher schon vor dem Einkaufen, nämlich mit der Frage: „Brauche ich dieses Produkt überhaupt bzw. werde ich es rechtzeitig verwenden können, bevor es schlecht wird?"[27]

Konsum

Viel zu oft wird Nachhaltigkeit mit Verbot oder Verzicht in Verbindung gebracht: „Wir sollen kein Fleisch mehr essen, dürfen nicht mehr mit dem Auto fahren und

Flugreisen sind auch verboten" – das höre ich oft. Ich sehe das anders. Nachhaltiger Konsum hat für mich wenig mit Verzicht zu tun, sondern bedeutet einfach eine Umstellung auf eine Lebensweise, die unsere Ressourcen schont und damit gut für unser Klima und unsere Umwelt ist. Das fängt beim täglichen Einkauf von Lebensmitteln an, betrifft aber auch alle anderen Lebensbereiche. Doch nicht immer ist es leicht, die richtige Kaufentscheidung zu treffen: Woher soll man im Super- oder Drogeriemarkt wissen, was sich alles im Kleingedruckten verbirgt, das oft kaum lesbar und mit unverständlichen Kürzeln durchsetzt irgendwo auf dem Verpackungsboden steht? Sie müssen zum Entschlüsseln keine Lupe und auch kein Lexikon dabeihaben, ein Smartphone genügt völlig – wenn Sie beispielsweise die in der Schweiz entwickelte App „Codecheck" herunterladen: Richten Sie bei geöffneter App die Handykamera auf den Strichcode einer Verpackung, dann erhalten Sie sofort einen Überblick über die wichtigsten Inhaltsstoffe des Produkts, bei dem bedenkliche Zutaten farblich hervorgehoben sind, sowie Kommentare anderer Konsumenten. Sie können die Datenbank, in der vor allem Lebensmittel und Kosmetikprodukte enthalten sind, auch erweitern, indem Sie von ihr nicht erkannte Produkte gleich eingeben. Ein CO_2-Check soll im Lauf des Jahres 2020 in die App eingebaut werden – ein Scan, und Sie bekommen ein Bild davon, welche weltweiten Folgen Ihre Kaufentscheidung nach sich zieht.

Auch bei Bekleidung lohnt es sich, darauf zu achten, unter welchen Bedingungen sie produziert wurde, und ob durch ihre Herstellung die Umwelt, unsere

Gesundheit oder auch unser Klima geschädigt wurde. Was für die Bio-Landwirtschaft bei der Ernährung gilt, ist bei der Produktion etwa von Baumwolle schließlich nicht anders: Biologisch hergestellte Rohstoffe belasten Umwelt und Klima ungleich weniger als konventionell produzierte, ganz abgesehen von der Ausbeutung, die die bei uns so begehrten Schnäppchenpreise erst möglich macht. Bei Kleidung, aber auch bei Kosmetik- und Pflegeprodukten gibt es zunehmend ökologisch und fair produzierte Alternativen. Allerdings ist der Markt oft unübersichtlicher als der für Lebensmittel. Bei der Suche nach nachhaltigen Produkten helfen Siegel, Apps und Testberichte. Den Überblick im Logodschungel bewahren Sie dank Seiten wie www.umweltberatung.at oder www.bewusstkaufen.at, wenn Sie dort den Links zu „Ökotextil-Labels" oder „Gütezeichen" folgen.

Eine weitere Möglichkeit, durchaus lustvoll den eigenen CO_2-Verbrauch im Alltag zu erforschen und gegebenenfalls zu reduzieren, bietet einmal mehr Ihr Smartphone: Mithilfe der Seite www.eingutertag.org und der zugehörigen App können Sie ganz leicht herausfinden, in welchem Bereich es für Sie gut machbar ist, durch eine kleine Veränderung Ihrer Gewohnheiten womöglich eine große Menge CO_2 einzusparen. Dabei werden die 6,8 kg CO_2, die weltweit jeder Mensch täglich verbrauchen darf, um unser Klima im Gleichgewicht zu halten, in hundert Punkte umgerechnet. Diese hundert Punkte gilt es über den Tag zu verteilen, vom Frühstück bis zum Abendessen, vom morgendlichen Weg in die Arbeit über den täglichen Einkauf bis zum Glas Wein am Feierabend. Eine Strecke von dreißig Kilometern, mit dem Pkw zurückgelegt, schlägt da beispielsweise mit 47 Punkten zu Buche, eine Portion Schinken mit neun Punkten, die Semmel dazu mit einem Punkt. Eine gestartete Waschmaschine verbraucht zehn Punkte. Und je nachdem, wie alt Ihr Smartphone ist, verbraucht auch dieses täglich zwischen vier und zehn Punkte Ihres fiktiven Kontos. Gut, dass das Achterl Wein aus der Region nur einen Punkt kostet – und es auch viele ressourcenschonende Aktivitäten gibt, die das tägliche Klimapunktekonto überhaupt nicht belasten: „die Abendsonne genießen" zum Beispiel oder auch: „küssen".[28]

Politik

Wir alle müssen etwas tun, aber natürlich hat auch die Politik Hausaufgaben, die sie bisher nur teilweise angegangen ist. Österreichs türkis-blaue Regierung hat im Jahr 2017 die berühmte Mission 2030 festgesetzt. Darin steht, was zu tun ist, unter anderem folgende beiden Punkte: Österreich wird bis 2030 seine Treibhausgasemissionen um 36 Prozent gegenüber 2005 senken. Bis 2050 müssen wir eine Dekarbonisierung erreichen. Unterschrieben wurde das damals von den Ministern Hofer und Köstinger.

Zur Umsetzung ist es so schnell nicht gekommen. Auch der nationale Energie- und Klimaplan (NEKP), der 2019 an die EU geschickt wurde, verfehlt dieses Ziel. Die Maßnahmen sind einfach zu gering: Von 19 einzusparenden Millionen Tonnen CO_2 werden nur neun eingespart. Das ist tragisch, denn im Europavergleich sind wir dadurch ins Hintertreffen geraten. Österreich liegt unter den letzten fünf Nationen Europas, was die CO_2-Bilanz betrifft. Während im EU-Schnitt die Treibhausgasemissionen längst sinken, steigen sie in Österreich noch immer.

Die Ursache dafür ist hierzulande der Verkehr. Diesen Bereich kriegen wir bisher nicht in den Griff. Wir liegen nach wie vor über den vom Klimaschutzgesetz vorgesehenen Richtlinien. Da kommen wir einfach nicht in die Gänge, und das könnte ziemlich teuer werden: Wenn wir es nicht schaffen, weniger Treibhausgase auszustoßen, dann müssen wir Strafzahlungen an die EU abliefern, bis zu neun Milliarden Euro. Diese Milliarden sind verlorenes Geld. Wir könnten jetzt neun Milliarden Euro in innovative Entwicklungen stecken, in Maßnahmen, die zudem Jobs schaffen würden. Somit wäre dieses Geld in jedem Fall sinnvoller angelegt, als wenn wir zehn Jahre nichts tun und dann am Ende Strafe zahlen.

Dafür finden sich positive Vorbilder: Die schwedische Regierung hat bereits in den 1990er-Jahren klipp und klar gesagt, dass die Herausforderungen durch den Klimawandel nur durch eine gemeinsame Anstrengung gelöst werden können, in der Folge eine CO_2-Steuer eingeführt und ein paar andere Steuern erlassen. Daher war auch die Bevölkerung nicht dagegen. Man hat diese Steuer anfangs sehr niedrig angesetzt, den Menschen aber offen gesagt, dass sie laufend steigen wird. Heute sind wir bei hundert Euro Steuer für eine Tonne CO_2 und damit bei dem Preis, den Fridays for Future und namhafte Fachleute für angemessen halten.

Die schwedische Wirtschaft hat darunter nicht gelitten, ganz im Gegenteil: Das Wirtschaftswachstum ist in

Schweden trotz CO$_2$-Steuer weiter gestiegen. Das ist also ein gutes Beispiel dafür, wie man sinnvolle Maßnahmen richtig angehen kann.

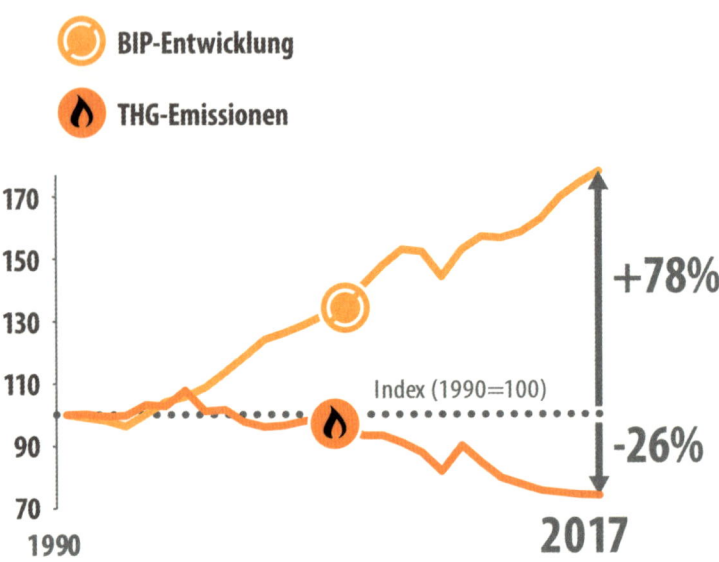

Immer wieder werden Klimakonferenzen abgehalten. Die Staatengemeinschaft hat sich 2015 in Paris darauf geeinigt, dass wir bis zum Ende des Jahrhunderts deutlich unter 2° C Erwärmung liegen müssen. Das Ziel sind also eher 1,5° C als 2° C. Viele Nationen, vor allem Inselstaaten, würden unter den Folgen einer Erwärmung von 2° C bereits massiv leiden, weswegen sie in Paris auf der Festlegung von „deutlich unter 2° C" bestanden haben.

Das Motto der 25. Klimakonferenz, die 2019 in Madrid stattfand, lautete: „Zeit zu handeln". Doch nach zwei Wochen voller Gespräche und intensiver Verhandlungen kam nur ein müder Kompromiss heraus. NGOs nannten das Ergebnis verantwortungslos, egoistisch und kurzsichtig.

Tatsächlich schaut es momentan so aus: Wir strengen uns einfach zu wenig an. Das Ziel sind 1,5° C Erwärmung, und wir sind schon bei 1° C angelangt, global gesehen. Mit den derzeitigen politischen Plänen geht der Pfad in Richtung einer Erwärmung von etwa 3° C, die katastrophale Auswirkungen hätten. Auch wenn man die optimistischsten und positivsten Ziele betrachtet, sind diese weit weg von dem, was vereinbart wurde.

Dabei ist es umso eher machbar, die CO_2-Emissionen zu senken, je früher wir damit anfangen. Je später wir beginnen, umso schwieriger wird es.

Wenn wir so weitermachen wie bisher, bleiben uns nur noch zehn Jahre, dann ist das CO_2-Budget aufgebraucht.

Wir sind daher alle gefordert, vom kleinsten Haushalt über den Staat bis zur EU. Alle müssen mitmachen, sonst wird es nicht funktionieren. Das ist wie bei der Rettungsgasse: Wenn ein Unfall passiert ist, müssen alle Platz machen, und da spielt es keine Rolle, wer im Weg steht, ob ein Mini oder ein Sattelschlepper. Wenn die Gasse verstellt ist, kommt die Rettung nicht durch. Genauso ist es beim Klimaschutz: Wenn nicht alle mitmachen, werden wir scheitern.

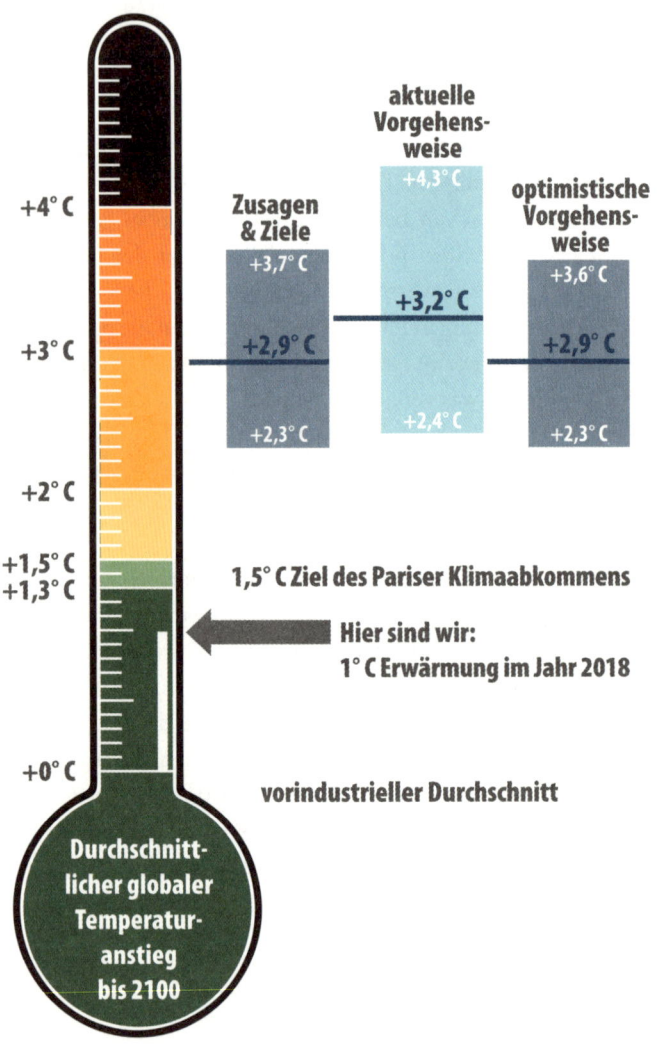

Erwärmungsprojektionen des Climate Action Trackers: Globaler Temperaturanstieg bis 2100

+4° C

+3° C

+2° C

+1,5° C
+1,3° C

+0° C

aktuelle Vorgehensweise
+4,3° C
+3,2° C
+2,4° C

Zusagen & Ziele
+3,7° C
+2,9° C
+2,3° C

optimistische Vorgehensweise
+3,6° C
+2,9° C
+2,3° C

1,5° C Ziel des Pariser Klimaabkommens

Hier sind wir:
1° C Erwärmung im Jahr 2018

vorindustrieller Durchschnitt

Durchschnittlicher globaler Temperaturanstieg bis 2100

Wir sollten aufhören, dabei auf die anderen zu verweisen, die womöglich auch zu wenig unternehmen. Es ist viel zu einfach, mit dem Finger auf China oder die USA zu zeigen und erst dann Maßnahmen setzen zu wollen, wenn die das zuerst tun.

Ich habe da einen pragmatischeren Zugang und schaue lieber, was die anderen eben schon machen. Und es ist erstaunlich, dass es genau diese Nationen sind, die uns in manchen Dingen schon voraus sind. Denn in den USA sind die CO_2-Emissionen in den letzten Jahren zurückgegangen, und das, obwohl Donald Trump Präsident ist. Leider stimmt es zwar, dass die USA unter seiner Präsidentschaft aus dem Pariser Abkommen ausgestiegen sind, doch viele Bundesstaaten der USA halten trotzdem an den Klimazielen fest und setzen die beschlossenen Maßnahmen um, allen voran Kalifornien.[29]

Auch China ist uns in einigen Bereichen schon voraus: Dort gibt man deutlich mehr Geld für Forschung, Entwicklung und Einsatz erneuerbarer Energien aus als etwa in den USA und hat sich zu einem nationalen CO_2-Preissystem verpflichtet. Darüber hinaus hat China angekündigt, dass bereits 2030, das ist in zehn Jahren, keine Benzin- und Dieselautos mehr zugelassen werden. Davon ist in Österreich oder Deutschland noch überhaupt nicht die Rede. Das ist für uns noch unvorstellbar, doch China wird das umsetzen. Und ist nicht allein damit.

In Österreich hagelte es vonseiten der Wissenschaft laute Kritik an den aus ihrer Sicht unzureichenden Plänen der letzten Regierungen. Der renommierte Klimaforscher Gottfried Kirchengast vom Wegener Center für Klima

Je später die Treibhausgase verringert werden, desto schneller müssen sie sinken.

Globale CO_2-Emissionsszenarien zur Einhaltung der 1,5°- bzw. 2° C-Klimagrenze

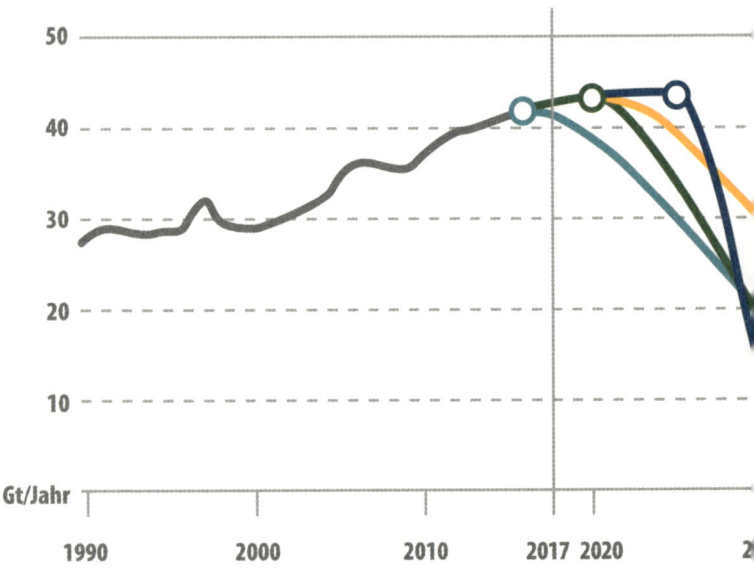

und Globalen Wandel in Graz erkennt die größte Hürde, die dem Handeln derzeit im Weg steht, in einer „politischen Lähmung". Im September 2019 schreibt er in einer Stellungnahme zum NEKP, dem nationalen Energie- und Klimaplan, an die damalige Bundeskanzlerin Dr. Brigitte Bierlein, dass es die Bundesregierung 2018 bis 2019 verabsäumt habe, diesen Plan vor der Übermittlung an die EU bis Ende 2019 erfolgsfähig im Sinne der Pariser Klima-

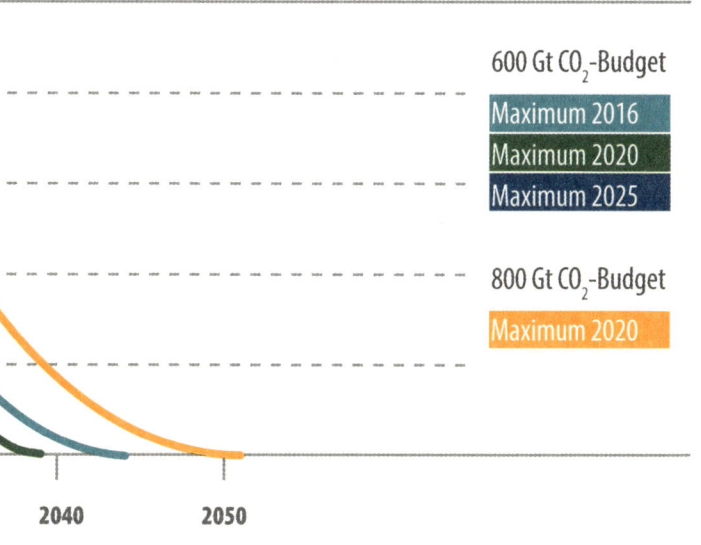

600 Gt CO_2-Budget

Maximum 2016
Maximum 2020
Maximum 2025

800 Gt CO_2-Budget

Maximum 2020

2040   2050

ziele zu machen. „Wir haben alles Wesentliche gesagt und trotzdem wurde das zentrale Ziel der NEKP-Verbesserung verfehlt", lautet das ernüchternde Resümee des Wissenschaftlers, aus dessen Sicht damit „eine rote Linie der politischen Verantwortungslosigkeit überschritten" ist. In seiner Stellungnahme schreibt Kirchengast weiter, „die erfolgreiche Umsetzung im Sinne einer Zielerreichung selbst des EU-Mindestziels […] ist auf Basis der derzeit vorgesehenen Maßnahmen aus wissenschaftlicher Sicht de facto unmöglich. Das an sich notwendige Paris-kompatible Mindestziel von mindestens minus fünfzig Prozent ist dem entsprechend weiter in unerreichbarer Ferne. Dabei sind u. a. die vorliegenden Maßnahmen speziell im Sektor Verkehr ganz besonders unzureichend."[30]

Gottfried Kirchengast und viele andere wollten es nicht bei Kritik beruhen lassen. Im Gegenteil, mehr als siebzig Expertinnen und Experten der Klima- und Transformationsforschung haben einen Referenzplan als Grundlage für einen wissenschaftlich fundierten und mit den Pariser Klimazielen in Einklang stehenden nationalen Energie- und Klimaplan für Österreich, den sogenannten „Ref-NEKP", erarbeitet.[31] Sie wollen damit aufzeigen, dass und insbesondere wie Österreich seinen Beitrag zur Erreichung des Pariser Ziels zu leisten in der Lage ist.

Die Wissenschaft liefert damit nicht nur eine klare Ansage, was aus welchen Gründen wann zu tun wäre. Sie hat sich sogar die zusätzliche Arbeit gemacht, eine Vision 2050 zu formulieren, also eine Perspektive darauf, wie sich unser Leben, unser Alltag und unsere Umwelt bis dahin verändert haben werden, um daraus inspiriert und motivierter an diesem Ziel zu arbeiten. Diese Vision 2050 zeigt auf, wie der Übergang zu einer klimafreundlichen Gesellschaft nicht nur die drohende Klimakatastrophe verhindern, sondern auch zu einer besseren Lebensqualität führen kann.

Während ich Anfang 2020 an den letzten Zeilen dieses Buches sitze, bekommt Österreich eine neue Regierung und ein neues Regierungsprogramm. Dieses Programm gibt

Grund zur Hoffnung, denn dort sind wichtige Punkte angeführt, auf die es ankommt, um dem Klimawandel etwas entgegenzusetzen. Die neue Regierung bekennt sich ganz klar dazu, die Klimaziele von Paris ernst zu nehmen und erreichen zu wollen. Auch das Bekenntnis zu einer „wissenschaftsbasierten Klimapolitik" findet sich in diesem Regierungsprogramm. Man will also endlich auf Grundlage wissenschaftlicher Erkenntnisse Politik machen. Ein ganz wichtiger Punkt darin ist die Nachbesserung und Konkretisierung des nationalen Energie- und Klimaplans (NEKP), den die Wissenschaft so scharf kritisiert hat. Außerdem, und das ist wirklich neu, will die neue Regierung es schaffen, früher als nötig – nämlich 2040 – die Klimaneutralität zu erreichen. Das ist ein ambitioniertes Ziel. Erste Reaktionen von NGOs wie WWF und Global 2000 sind vorsichtig positiv: Das Richtige und Wichtige wurde geschrieben. Es gilt jetzt aber, diesen Worten auch Taten folgen zu lassen. Vor allem kommt es darauf an, dass rasch etwas unternommen wird und die Punkte, die richtig im Regierungsprogramm stehen, zügig umgesetzt werden. Man hört zum Beispiel bei der angekündigten ökologischen Steuerreform, dass es zunächst eine Arbeitsgruppe geben soll, die sich zwei Jahre Zeit nehmen wird. Doch diese Zeit werden wir vielleicht nicht mehr haben.

Anpassungsmaßnahmen

Der menschengemachte Klimawandel ist bereits voll im Gange, die globale Erwärmung nachweisbar und messbar. Wir können diese Erwärmung selbst mit intensiven

Bemühungen nicht mehr rückgängig machen. Wir schaffen es nicht mehr, zum vorindustriellen Temperaturniveau zurückzukehren. Zu viel CO_2 haben wir bereits ausgestoßen. Wir können jedoch die Erwärmung bremsen und unser Klima auf einem neuen, höheren Temperaturniveau wieder stabilisieren. Mit diesen neuen Bedingungen werden wir leben müssen, an die neuen Verhältnisse werden wir uns anpassen müssen. Und diese betreffen nahezu alle Bereiche unseres täglichen Lebens.

Landwirtschaft

Die Landwirtschaft ist besonders stark vom Klimawandel betroffen. Klima und Wetter entscheiden darüber, was bei uns überhaupt und mit welchem Ertrag wachsen kann. Durch den Klimawandel ändern sich diese Rahmenbedingungen gerade, was die Qualität und auch die Menge der landwirtschaftlichen Produktion in manchen Regionen stark beeinträchtigen kann. Phänomene wie Hitze, Trockenheit und Überflutungen, die wir in Kapitel III näher betrachtet haben, wirken sich besonders auf die Landwirtschaft aus. Apfelbäume blühen mittlerweile etwa zwei Wochen früher als noch vor vierzig Jahren, die Blütezeit ist von der zweiten in die erste Aprilhälfte gewandert. Zu dieser Zeit sind gleichzeitig aber auch späte Fröste möglich, wodurch es daher immer wieder zu größeren Frostschäden kommt.

Zusätzlich treten bei Pflanzen und Tieren neue Krankheiten auf, auch die Probleme durch neue oder vermehrt bei uns aktive Schädlinge haben wir anhand des Borkenkäfers schon angesprochen. Andererseits ermöglicht der

Klimawandel in Zukunft, Landwirtschaft in Gebieten zu betreiben, die früher zu kühl oder zu feucht dafür waren,[32] oder er verändert die traditionell in dieser oder jener Region angebauten Sorten.

So war 2019 in allen Medien zu lesen, dass sich die durch den Klimawandel steigenden Temperaturen auf die Qualität der heimischen Weinsorten auswirken und gerade der prestigeträchtige Grüne Veltliner akut gefährdet sei. Der Grüne Veltliner ist mit Abstand die wichtigste Rebsorte Österreichs, allein in Niederösterreich ist gut ein Drittel der Rebfläche damit bepflanzt. „Die Presse" schrieb: „Winzer steigen schon jetzt auf hitzeresistente Rotweinsorten um – und fordern mehr Engagement der Politik."[33]

Während beliebte Weißweinsorten langsam der Hitze weichen und nach Norden flüchten, kommen von Süden neue Sorten, die noch vor einigen Jahren hier undenkbar gewesen wären. Aber auch diese „Weinwanderung" ist kein Phänomen, das in den letzten Jahren erst aufgetreten ist, sondern schon zu Beginn der 2000er-Jahre eingesetzt hat.

Im Sommer 2003 habe ich auf meiner Sommertour für den Radiosender Ö3 auch die südliche Steiermark besucht und war in Klöch. Dort traf ich den Winzer Fritz Frühwirth, der mir die neuen Rotweinsorten zeigte, die er in den letzten Jahren angebaut hatte und die im extrem heißen Sommer 2003 nun zum ersten Mal richtig gut gedeihen konnten. Es waren die Sorten Shiraz und Merlot. Aufgrund der Erwärmung haben sie nun auch hier in der Steiermark ein neues Zuhause gefunden und bringen seither neben den traditionellen Sorten wie Sauvignon Blanc, Morillon und Traminer ebenfalls großartige Weine hervor.

Heute erzählt mir Fritz Frühwirth, dass das nicht die einzigen Veränderungen der letzten Jahre waren. Auch bei den für die Region typischen Weißweinen musste man sich wegen der höheren Temperaturen genau überlegen, wo sie noch gut angebaut werden können. Auf so manchem einst bestens geeigneten Südhang ist es zu heiß geworden, die Reben müssen heute nicht mehr „nur" vor Hagel geschützt werden, sondern auch vor Sonnenbrand.

Tourismus

Auch der Tourismus muss sich laufend den veränderten Bedingungen anpassen, die sich durch den Klimawandel ergeben. In Österreich ist der Tourismus ein wichtiger Wirtschafsfaktor und bietet vielen Menschen Arbeitsplätze, die es zu erhalten gilt.

Die Anpassungen betreffen am stärksten und auch schon am längsten den Wintertourismus. In den meisten heimischen Skigebieten kann die Schneesicherheit schon seit vielen Jahren nur mithilfe von Beschneiungsanlagen sichergestellt werden. Noch kann die Erwärmung in den Alpen mit großen Investitionen in diese Anlagen kompensiert werden. Eine weitere Erwärmung wird die Zahl der „schneesicheren" Wintersportgebiete, vor allem in tieferen Lagen, jedoch verringern und die Skisaison verkürzen. Erste Anzeichen dafür häufen sich in den letzten Jahren im Dezember. Der erste Schnee fällt in vielen Regionen immer öfter erst knapp vor Weihnachten oder gar danach. Dazu kommt bei höheren Temperaturen, dass es auch im Winter oft erst ab einer Höhe von 1500 Meter schneit, darunter aber regnet, was das Skivergnügen natürlich stark trübt.

Im Sommer zeigt sich in Österreich derzeit durch den Klimawandel und die Erwärmung vorerst wohl kurz- und mittelfristig ein anderer Trend. Denn Österreich könnte im Sommertourismus davon profitieren, dass es länger warm und öfter heiß ist. Die Badesaison verlängert sich, da sich die Temperatur der heimischen Badeseen erhöht hat und weiter steigt. Dadurch könnte der sommerliche Badeurlaub zu Hause attraktiver werden als etwa am Mittelmeer, wo die Hitze vielen dann schon zu extrem sein wird und einige Regionen gerade im Hochsommer immer öfter von Waldbränden betroffen sind.

Aufgrund der steigenden Hitzebelastung vor allem in größeren Städten kann ich mir gut vorstellen, dass die gute, alte „Sommerfrische" in Zukunft ein großes Comeback feiern wird – während auf der anderen Seite negative Auswirkungen bei einer weiteren Verschärfung der sommerlichen Hitze zu erwarten sind, und zwar beim Städtetourismus. So schön Städte wie Salzburg oder Wien auch sein mögen – bei 40° C ist das manchen wohl doch eine zu heiße Sache.

Der Klimawandel hat natürlich auch in anderen Teilen der Erde Folgen für den Tourismus. Hier stellt besonders der Anstieg des Meeresspiegels eine große Herausforderung für zahlreiche Urlaubsdestinationen dar. Mehr als sechzig Prozent aller Europäer entscheiden sich für Urlaub am Strand, und die US-Reisebranche erzielt achtzig Prozent ihres Umsatzes in diesem Bereich. Doch gerade einige beliebte Küstenregionen sind gefährdet. Zum Beispiel liegt fast ein Drittel aller karibischen Ferienorte weniger als einen Meter über dem Höchstpegel der Gezeiten. Bei einem Meeresspiegelanstieg um einen Meter würden in dieser Region folglich 49 bis 60 Prozent der Ferienanlagen sowie 21 Flughäfen zerstört oder beschädigt.[34]

Dazu kommt, dass einigen Ferienparadiesen ihre Attraktionen abhandenkommen. Viele Korallenriffe etwa leiden bereits stark unter den höheren Wassertemperaturen und der stetig fortschreitenden Übersäuerung der Meere, weil auch das Meer mehr CO_2 aufnimmt und dadurch der pH-Wert sinkt.

Wissenschaftliche Schätzungen gehen heute davon aus, dass selbst bei Erreichen der Pariser Klimaziele, also einer auf 1,5° C beschränkten Erwärmung, siebzig bis neunzig Prozent der Korallenriffe weltweit absterben werden. Eine Erwärmung um 2° C eliminiert faktisch alle.

Stadt- & Raumplanung

Wir brauchen neue Raumplanungskonzepte, um mit den steigenden Temperaturen klarzukommen. Wie dringend ein Umdenken notwendig ist, zeigt ein Blick auf den Bodenverbrauch in Österreich: Von 2001 bis 2018 wuchs die Bevölkerung Österreichs um 9,9 Prozent, die verbaute Fläche jedoch um 26 Prozent. Zwanzig Hektar unverbauter Boden gehen pro Tag verloren, zwischen 2001 und 2018 etwa 117.000 Hektar – eine Fläche, die fast so groß ist wie die gesamte Ackerfläche des Burgenlandes.[35]

Damit gefährden wir nicht nur die Ernährungssicherheit Österreichs, sondern auch das Klima. Durch Zersiedelung und nur mit dem Auto erreichbare Einkaufszentren und Arbeitsplätze an den Ortsrändern wird der Verkehr immer mehr statt weniger.

Wenn wir unsere Klimaziele erreichen wollen, müssen wir daher vieles von Grund auf verändern und in den letzten Jahrzehnten entstandene Gewohnheiten hinterfragen. Einmal mehr sind wir als Einzelne gefordert, doch muss auch die Politik für die richtigen Rahmenbedingungen sorgen, damit künftig etwa vermehrt wieder Einkaufsmöglichkeiten innerhalb von Siedlungen, Orten und Städten geschaffen werden statt an ihren Rändern. Soll die gerade in Österreich viel zu schnell voranschreitende Versiegelung der Böden gebremst und auch der Verkehr eingedämmt werden, braucht es kurze Wege, die zu Fuß, mit dem Fahrrad oder mit öffentlichen Verkehrsmitteln zurückgelegt werden können. Bestehende Leerstände müssen genutzt werden, ehe es zu neuen Umwidmungen in Bauland kommen darf. Parkplatzflächen werden dem Ausbau des öffentlichen Nahverkehrs und Carsharingangeboten weichen müssen, Autospuren Fahrradwegen – das mag für viele noch unrealistisch klingen oder höchstens wie eine kühne Vision. Denn noch immer lösen Veränderungen bei der Platzverteilung im Straßenraum enormen Widerstand aus: Ein sinnvoller und noch dazu vergleichsweise geringfügiger Eingriff wie die Schaffung eines durchgehenden Radwegs entlang der Wienzeile war nur gegen heftigen Widerstand gut vernetzter Autolobbyisten durchsetzbar. Doch schon jetzt führen weltweit viele Städte vor, dass eine solche Verkehrswende möglich ist. Selbst Metropolen wie London oder Paris, bei denen viele an die zwar eindrucksvollen, aber chronisch vom Autoverkehr verstopften

Prachtstraßen denken, setzen mittlerweile voll auf Verkehrsberuhigung.*

Vor allem in den Städten wird es mit der zunehmenden Hitze außerdem immer wichtiger, für Kühlung zu sorgen: durch Dachbegrünung oder das Pflanzen von Straßenbäumen. In Wien werden Maßnahmen zur Gebäudekühlung wie Fassadenbegrünung oder die Montage von Jalousien gefördert, zuletzt wurden an verschiedenen Orten in der Stadt Sprühnebelduschen aufgestellt, die während der sommerlichen Hitze Abkühlung bringen sollen. Der per Abstimmung gewählte Name für diese Wasserduschen: „Sommerspritzer" …

Auch viele andere Gemeinden in Österreich sind vorne mit dabei, wenn es um die Anpassung an das sich verändernde Klima geht, etwa im Rahmen des „Klimabündnisses": Es handelt sich dabei um ein globales Netzwerk von Gemeinden zum Schutz des Weltklimas, das 1990 in Frankfurt gegründet wurde und in dessen Rahmen europäische Staaten mit indigenen Völkern in Südamerika zusammenarbeiten. Über 1700 Gemeinden und Städte in 26 europäischen Ländern sind Teil dieser Partnerschaft, die gemeinsam nach Lösungen in Bereichen wie Mobilität, Bodenschutz, Energie, Nachhaltigkeit oder Klimagerechtigkeit sucht. Jährlich werden herausragende Projekte mit dem „Climate Star" ausgezeichnet, und stets sind österreichische Gemeinden unter den Prämierten: 2018 beispielsweise Krummnußbaum, das konkrete Maßnahmen setzt, um den Ortskern zu stärken und motorisierten Verkehr dadurch zu verringern. Erweiterungsflächen

---

* Sie finden einige von Megacitys initiierte Vorzeigeprojekte zum Klimaschutz auf der Seite des Städtenetzwerks C40: www.c40.org

am Ortsrand wurden gestrichen, ein neuer zentraler Platz mit einem Gemeindezentrum geschaffen – ein Paradebeispiel für klimafreundliche Siedlungsentwicklung also. Auch in Böheimkirchen wurde der Ortskern verdichtet und an einem renaturierten Bach nicht nur eine Retentionsfläche, die Hochwasserschäden verhindern soll, sondern auch ein autofreies Erholungsgebiet gestaltet, das die Ortsmitte weiter aufwertet. Das sind nur zwei Beispiele von vielen, die Jahr für Jahr vorführen, dass man nicht auf „die da oben" oder „die anderen" warten muss, um Herausragendes für den Klimaschutz zu leisten – und gleichzeitig auch die Lebensqualität im eigenen Umfeld entscheidend zu verbessern.[36]

Minderung und/oder Anpassung?

In vielen Bereichen finden Anpassungsmaßnahmen an den Klimawandel und die höheren Temperaturen bereits statt und es werden laufend mehr.

Die oft geführte Diskussion, ob Anpassung die Reduktion und Vermeidung von Treibhausgasen ersetzen kann, wird von führenden Klimaexperten so beantwortet: „In Wahrheit ist beides unerlässlich: Erhebliche Anpassung an den Klimawandel wird auch bei einer Erwärmung um global ‚nur' 2° C notwendig sein. Und ohne eine Begrenzung des Klimawandels auf höchstens 2° C wäre eine erfolgreiche Anpassung an den Klimawandel kaum möglich."[37]

Es gibt also viel zu tun, wie auch der US-amerikanische Klimatologe Michael E. Mann schreibt: „Wir haben unsere Aufgabe. Wir müssen die Ozeane erhalten. Wir müssen die Regenwälder schützen. Wir haben Ackerland und Küsten zu verteidigen. Wir haben die ganze Palette spektakulärer Arten, zu deren Hirten wir uns entwickelt haben. Es ist an der Zeit, uns entsprechend zu verhalten."[38]

Noch knapper formulierte es Greta Thunberg in ihrer Rede beim Weltklimagipfel in Madrid: „Die Hoffnung liegt bei uns Menschen."

Klima, Tabasco und Psychologie

Wir kennen die Fakten zum Klimawandel schon seit langer Zeit und sind tagtäglich direkt oder über die Medien mit seinen Auswirkungen beschäftigt. Und doch fällt es uns als Gesellschaft so schwer, das zu tun, was richtig ist. Warum ist das so? Was passiert mit und in uns, wenn wir vom Klimawandel lesen oder hören? Warum reagieren manche scheinbar gar nicht auf die Bedrohung oder verleugnen sie sogar, wo sie doch so dringend konsequentes Handeln verlangt?

Fragen wie diese beschäftigen mich seit Langem, und im Rahmen eines Klimatags, den der ORF veranstaltet hat, konnte ich sie der in Salzburg forschenden und lehrenden Umweltpsychologin Isabella Uhl-Hädicke stellen. Sie erzählte mir, dass die Psychologie zwischen zwei Arten der Reaktion auf existenzielle Bedrohungen unterscheidet:

Die eine ist die direkte Reaktion. Man sieht sich mit einer konkreten Bedrohung konfrontiert und begreift, dass man darauf mit Konsequenzen reagieren muss. In unserem Fall würde das heißen, dass wir von der Bedrohung durch den Klimawandel erfahren, uns von Expertinnen und Experten alles Wichtige erklären lassen und dann bewusst Verantwortung übernehmen, uns den Herausforderungen stellen und beginnen, Gewohnheiten zu ändern. Wir handeln so, dass wir die Bedrohung mindern und vielleicht sogar beseitigen können.

Die zweite Möglichkeit ist die symbolische Reaktion. Diese spielt sich auf einer Ebene ab, die gar keine Verbindung mit der Gefahrenquelle hat. Es gibt dazu eine Studie, salopp Tabasco-Studie[39] genannt. Sie funktionierte folgendermaßen: Eine Gruppe von Testpersonen wurde mit einer bedrohlichen Situation konfrontiert, eine zweite Gruppe mit neutralen anderen Informationen. Danach erhielten beide Gruppen einen kurzen Text über eine Person zu lesen, die eine andere Weltanschauung als sie hatte. Im Anschluss bekamen die Testpersonen eine Speise vorgesetzt, die sie für die Person aus dem Text mit Tabasco würzen sollten. Das Erstaunliche daran: Personen, die eine bedrohliche Situation erlebt hatten, würzten das Essen deutlich schärfer als die zweite Gruppe. Sie haben also einer Person, die nichts für die Bedrohung kann, aber ihre Weltanschauung nicht teilt, das Essen verschärft, gleichsam als Strafe.

In einer weiteren von vielen ähnlichen in den USA durchgeführten Studien hat man übrigens festgestellt, dass dieses Verhalten auch in anderen Situationen beobachtet werden kann: Richterinnen und Richter, die zuvor mit einer existenziellen Bedrohung konfrontiert wurden, sprachen danach sprichwörtlich „schärfere" Urteile aus als solche, die die bedrohlichen Informationen nicht bekommen hatten.

Warum reagiert man so? Eine Bedrohung, die sich besonders massiv und existenziell anfühlt, kann ein Gefühl von Ohnmacht auslösen. Aus der Bedrohung würden sich so viele Konsequenzen ergeben, es besteht auf so vielen Ebenen Handlungsbedarf, dass das Gefühl entsteht, gar nichts tun zu können. Man fühlt sich zu klein und zu bedeutungslos, um etwas zu ändern. Diesen Kontrollverlust kompensieren Menschen, indem sie sich auf Dinge konzentrieren, die ihnen Kontrolle geben, wie ihre Werteinstellungen und ihre Gruppenzugehörigkeit. Das hilft ihnen, mit dem Gefühl der Bedrohtheit umzugehen und wieder die Kontrolle zu bekommen – sie lösen dadurch aber natürlich in keiner Weise das Problem, da ihre Reaktionen nichts mit der Bedrohung zu tun haben.

Informationen über den Klimawandel kommen – auch das ist wissenschaftlich belegt – bei Personen mit ohnehin schon umweltfreundlicher Einstellung besser an. Sie reagieren dann eher direkt darauf. Wer zuvor nicht viel über die Umwelt nachgedacht hatte, handelt öfter auf die zweite, symbolische Art. Menschen, die nichts gegen den Klimawandel tun wollen, weil sie glauben, ohnehin nichts tun zu können, treten denen, die nicht ihrer Meinung sind, oft mit Aggression entgegen. Wenn gerade kein Tabascofläschchen zur Hand ist, wird statt dem Essen eben das Gesprächsklima verschärft: Menschen, die man als Teil der „anderen Gruppe" identifiziert, werden abgewertet und beschimpft – das erleben etwa Jugendliche, die sich im Rahmen der Fridays-for-Future-Bewegung engagieren, allen voran natürlich Greta Thunberg, die neben viel Anerkennung auch viel Spott und Hass auf sich zieht.

Hätte ich also womöglich mein Buch gar nicht schreiben sollen? Oder anders gefragt: Wie stellt man es an, dass Menschen sich nicht (nur) belehrt fühlen, sondern auch bereit sind, danach zu handeln? Isabella Uhl-Hädicke hat darauf ebenfalls eine Antwort, oder genauer gesagt, eine ganze Liste von Antworten:

So ist es zunächst wichtig, die „Selbstwirksamkeit" zu betonen: Hat man das Gefühl, etwas tun und die Kontrolle über die Situation bewahren zu können, wendet man sich der Gefahrenquelle zu. Die Energie fließt dann nicht mehr in die Furcht, die von Ohnmacht erzeugt wird, sondern in die Beseitigung der Probleme. Daher betone ich hier gleich noch einmal: Ja, wir können die Situation ändern. Noch haben wir die Kontrolle darüber, was passiert!

Ein zweiter Punkt ist es aufzuzeigen, was genau man tun kann, also wie sich geändertes Verhalten auswirkt. Ein gutes Beispiel ist ein ganz normaler Fahrschein: Jedes Mal, wenn ich mit den ÖBB fahre, steht auf dem Ticket, wie viel CO_2 ich durch die Zugfahrt gespart habe – und das weckt tatsächlich sofort ein gutes Gefühl und sagt mir: „Du machst etwas gegen den Klimawandel."

Ein dritter Punkt ist es, das Thema greifbar zu machen. Ein Messwert wie 1,5° C ist nicht sehr anschaulich. Auch der Eisbär auf der Scholle geht uns nicht nahe genug – wir müssen stattdessen über Dinge reden, die wir alle in unserem Alltag bereits sehen und spüren.

Viertens: Es ist wichtig, das Gefühl kollektiver Wirksamkeit zu stärken. Gruppen können mehr bewirken als

Einzelne. Das machen unsere Klimabündnisgemeinden und Klimamodellregionen vor. Oder auch die Fridays-for-Future-Bewegung. Gruppen machen uns stark im Auftreten und zeigen dem Einzelnen: Was ich tue, tun auch andere. Vorbilder spielen dabei eine wichtige Rolle. Greta Thunberg also, aber auch Arnold Schwarzenegger und Leonardo DiCaprio. Mit denen identifizieren wir uns. Auch Staats- und Regierungschefs können Vorbilder sein. Wichtig ist es, dass sie uns nicht nur belehren, sondern uns auch vorleben, was richtig ist.

Fünftens: Gefühle sind wichtig. 1,5° C lösen – zumindest auf dem Papier – kein Gefühl aus. Wir fühlen hingegen mit denen mit, die durch Extremwetterereignisse ihr Hab und Gut verloren haben. Sehen wir, wie Häuser vom Hochwasser weggerissen werden, oder Bilder einer zerstörten Ernte, dann weckt das Emotionen, die uns zum Handeln bringen.

Wichtig sind, sechstens, aber nicht nur Bilder von Katastrophen, sondern auch positive Emotionen. Sprechen wir daher nicht nur von Krisen, Katastrophen und Verzicht, sondern zeigen wir auf, wofür es uns wert ist, Klimaschutz zu betreiben. Wir müssen die Chancen sehen, die die Veränderung auch bringt, und ein positives Bild einer erstrebenswerten Zukunft zeigen, in der wir Energie erzeugen, die uns aus bisherigen Abhängigkeiten befreit und in der wir mobil sein können, ohne Lärm und Abgase zu verbreiten. Wir müssen uns selbst und unseren Mitmenschen klarmachen, dass ein umweltfreundlicher Lebensstil mit einer lebenswerten Zukunft einhergeht.

Ich hoffe, dass ich einige dieser Punkte, die die Umweltpsychologin aufgezählt hat, mit diesem Buch umsetzen konnte – damit wir alle gemeinsam unser neues Wissen auch möglichst schnell anwenden können. Es geht um nichts anderes als ein Klima, das eine schöne Zukunft möglich macht.

V.

Schlusspunkt

Zwei Fragen stelle ich mir in letzter Zeit sehr oft: „Wann ist der richtige Zeitpunkt, ein Buch zu schreiben?" Und: „Wann ist ein Buch fertig?"

Beim Klimawandel bin ich eindeutig sehr spät mit dem Schreiben dran. Das hätte ich wohl schon vor zehn Jahren tun sollen, da hätte man noch Zeit gehabt, aus dem Wissen Kraft zu schöpfen und zu handeln. Dieses Buch erscheint sozusagen auf den letzten Drücker: Wir haben nicht mehr viel Zeit. Umso wichtiger war es und umso dringender erschien es mir, dieses Buch jetzt endlich anzugehen, also immer noch, bevor es zu spät ist.

Aber bin ich überhaupt fertig damit? Auch das ist für mich in diesem Fall eine ganz schwierige Frage gewesen. Ich denke gelegentlich an mein letztes Buch „Donnerwetter", das liegt nun schon ein paar Jahre zurück. Dafür habe ich 201 Fakten über Wetter, Wind und Regen zusammengestellt. Und nur ein Jahr nach dem Erscheinen des Buches war bereits ein Faktum darin überholt: Dort steht nämlich, dass es in Österreich noch nie 40° C gegeben hatte, in Deutschland schon. 2012 erschien das Buch, 2013 haben wir dann zum ersten Mal 40° C gemessen. Es war der Klimawandel, der mein damaliges Buch innerhalb eines Jahres nicht mehr ganz so aktuell hat aussehen lassen.

Auch bei diesem Buch fällt es mir schwer, zu einem Ende zu kommen. Fast jede Woche gibt es neue Meldungen, was der Klimawandel gerade anstellt und welche Folgen auftreten. Andere Entwicklungen wecken wiederum Hoffnung. Vieles verändert sich also laufend, doch trotzdem muss man als Autor irgendwann einmal einen Schlusspunkt setzen. Mir war es wichtig, jetzt fertig zu werden, weil wir jetzt handeln müssen. Denn schließlich sind wir die erste Generation, die die Folgen des Klimawandels spürt, und die letzte, die noch etwas dagegen tun kann.

Quellen

1   https://www.tagesspiegel.de/kultur/geschichte-der-klimaforschung-war-alexander-von-humboldt-der-erste-oekologe/24415586.html [Stand: 31.1.2020]

2   Vgl. Andrea Wulf: Alexander von Humboldt und die Erfindung der Natur. Aus dem Englischen übertragen von Hainer Kober. München: Bertelsmann 2015, S. 354ff

3   Je nach Beobachtungszeitraum kann man auch von hundert-prozentiger Übereinstimmung ausgehen, vgl. https://journals.sagepub.com/doi/10.1177/0270467619886266#article ShareContainer [Stand: 31.1.2020]

4   https://kurier.at/chronik/niederoesterreich/naturkatastrophe-im-waldviertel-heeres-requiem-fuer-die-fichte/400670339 [Stand: 31.1.2020]

5   Wissenschaftlicher Beirat der Bundesregierung Globale Umweltveränderungen: Welt im Wandel: Sicherheitsrisiko Klimawandel. Springer 2007

6   https://www.spiegel.de/wissenschaft/natur/klima-deutschland-hat-sich-bereits-um-1-5-grad-erwaermt-a-1298283.html [Stand: 31.1.2020]

7   https://www.menschenswetter.at/editorial_articles/show/1520/tropennaechte-torpedieren-die-gesundheit [Stand: 31.1.2020]

8   https://www.waldwissen.net/waldwirtschaft/schaden/brand/bfw_waldbrand/index_DE [Stand: 31.1.2020]

9   https://infothek.bmvit.gv.at/schwerpunkt-fluss-wie-geht-es-der-donauschifffahrt-bei-niederwasser-ewiger-sommer-pt2/ [Stand: 31.1.2020]

10 https://www.leeds.ac.uk/news/article/4514/greenland_losing_ice_faster_than_expected [Stand: 31.1.2020]

11 Prof. Stefan Rahmstorf mit Prof. Anders Levermann, Prof. Ricarda Winkelmann, Dr. Jonathan Donges, Levke Caesar, Dr. Boris Sakschewski, Dr. Kirsten Thonicke, Potsdam-Institut für Klimafolgenforschung, im Juni 2019: Kipppunkte im Klimasystem. Eine kurze Übersicht.

12 Vgl. https://www.umweltbundesamt.de/sites/default/files/
medien/publikation/long/4125.pdf [Stand: 31.1.2020]

13 https://www.focus.de/wissen/klima/klimaschutz/
schwefeldioxid_aid_25985.html [Stand: 31.1.2020]

14 https://projects.iq.harvard.edu/keutschgroup/scopex
[Stand: 31.1.2020]

15 https://cnce.engineering.asu.edu/ [Stand: 31.1.2020]

16 Vgl. https://www.zeit.de/2016/45/klimawandel-
erderwaermung-ingenieure-methoden-rettung/seite-4 und
https://www.carbon-connect.ch/de/klimalounge/news-
detail/206/seegras-gegen-den-klimawandel-die-wunderwaffe-
aus-dem-meer/ [Stand: 31.1.2020]

17 https://www.umweltbundesamt.at/umweltsituation/luft/
treibhausgase/ [Stand: 31.1.2020]

18 Siehe auch: https://www.umweltbundesamt.at/fileadmin/site/
umweltthemen/verkehr/6_verkehrspolitik/
SSB_Endpraesentation-2018.pdf [Stand: 31.1.2020]

19 Vgl.: 10 Argumente gegen das Elektroauto – die sie gleich
vergessen können! Von Dieter Graf & Herbert Starmühler.
Starmühler Agentur & Verlag: 2018

20 Mehr Informationen, oder die aktuellste Studie finden Sie auf
den Internet-Seiten des Umweltbundesamtes, etwa hier:
https://www.umweltbundesamt.at/fileadmin/site/publikationen/
DP152.pdf [Stand: 31.1.2020]

21 Siehe: https://www.biorama.eu/the-great-regional-swindle/
[Stand: 31.1.2020]

22 https://www.biorama.eu/the-great-regional-swindle/
[Stand: 31.1.2020]

23 Vgl. https://www.umweltberatung.at/download/?id=
Klimaschutz_mit_gesunder_Ernaehrung_Ernaehrung-
1155-umweltberatung.pdf [Stand: 31.1.2020]

24 Thomas Weber: 100 Punkte Tag für Tag, Residenz 2016, S. 72f

25 Thomas Weber: 100 Punkte Tag für Tag, Residenz 2016, S. 74f

26 https://www.wien.gv.at/umweltschutz/abfall/lebensmittel/
fakten.html [Stand: 31.1.2020]

27 Weitere gut zusammengefasste Tipps für den Klimaschutz beim Essen finden Sie z. B. unter https://www.bzfe.de/inhalt/ ernaehrung-und-klimaschutz-1889.html oder unter https://www.klimabuendnis.at/images/doku/7_kbu_lf_ landwirtschaft.pdf [Stand: 31.1.2020]

28 www.eingutertag.org [Stand: 31.1.2020]

29 http://www.klimaretter.info/politik/hintergrund/23907- die-halbe-usa-bleibt-im-paris-abkommen [Stand: 31.1.2020]

30 Abrufbar unter https://wegcwww.uni-graz.at/publ/downloads/ NKK-Wiss_4.Stellungnahme-NEKP_12Nov2019.pdf [Stand: 31.1.2020]

31 https://ccca.ac.at/wissenstransfer/uninetz-sdg-13/referenz- nationaler-klima-und-energieplan-ref-nekp [Stand: 31.1.2020]

32 Vgl. https://www.klimabuendnis.at/images/doku/7_kbu_lf_ landwirtschaft.pdf [Stand: 31.1.2020]

33 https://www.diepresse.com/5707230/gruner-veltliner-durch- klimawandel-akut-gefahrdet [Stand: 31.1.2020]

34 https://www.klimafakten.de/branchenbericht/was-der- klimawandel-fuer-den-tourismus-bedeutet#report-section-2 [Stand: 31.1.2020]

35 https://industriemagazin.at/a/oesterreich-atemberaubendes- tempo-bei-der-vernichtung-fruchtbarer-boeden [Stand: 31.1.2020]

36 https://www.klimabuendnis.at/aktuelles/climate-star-2018 [Stand: 31.1.2020]

37 Stefan Rahmstorf und Hans Joachim Schellnhober: Der Klima- wandel. Diagnose, Prognose, Therapie. C. H. Beck 2018, S. 113.

38 Michael E. Mann: Der Tollhauseffekt, Kapitel 8: Aufbruch in die Zukunft

39 McGregor, H. A., Lieberman, J. D., Greenberg, J., Solomon, S., Arndt, J., Simon, L., & Pyszczynski, T. (1998). Terror management and aggression: evidence that mortality salience motivates aggression against worldview-threatening others. Journal of personality and social psychology, 74(3), 590.

Abbildungsverzeichnis

S. 4–5: © HBF/Lechner

S. 12: © AWS/Martin Hesz

S. 14–15: shutterstock/© Here

S. 16–17, 19, 20, 22–23, 24: Daten © ZAMG

S. 26–27 unten: Daten © NOAA

S. 26 und 27 oben: Daten © https://de.wikipedia.org/wiki/
Hitzewellen_in_Europa_2019

S. 28: Daten © NOAA

S. 30–31: shutterstock/© Juergen Faelchle

S. 32–33 und S. 36–37: Grafik © Ines Flattinger

S. 38–39: Daten © Climate Central

S. 40–41: Daten © NOAA

S. 42–43: Daten © Carbon Brief

S. 44–45: Daten © NOAA

S. 46–47: Grafik © Ines Flattinger, Symbole by Freepik, Daten:
basierend auf Special Report ASR18 (Gesamtwerk): APCC (2018).
Österreichischer Special Report Gesundheit, Demographie und
Klimawandel (ASR18). Austrian Panel on Climate Change
(APCC), Verlag der Österreichische Akademie der Wissenschaften,
Wien, Österreich

S. 49: Daten und Grafik © Jos Hagelaars

S. 55: Daten und Grafik © Powell, 2019

S. 56–57: shutterstock/© Bernhard Staehli

S. 60–61: Daten © PIK

S. 64–67: Grafik © Ines Flattinger

S. 68–69: Daten © ZAMG

S. 70: Daten © https://www.ages.at/themen/umwelt/
informationen-zu-hitze/hitze-mortalitaetsmonitoring/

S. 82–83: Daten © Wikimedia Commons/Public Domain

S. 90–91: shutterstock/© DisobeyArt

S. 92: © Marcus Wadsak

S. 101: Grafik © Ines Flattinger, Symbole © by Freepik,
shutterstock/© grynold, shutterstock/© Kursat Unsal

S. 114: Daten und Grafik © Government Offices of Sweden

S. 116: Daten und Grafik © Climate Action Tracker

S. 118–119: Daten © Klima und Energiefonds

S. 136–137: shutterstock/© seamind224

S. 139: © Daniela Klemencic,
Hintergrund: shutterstock/© photoschmidt

© Daniela Klemencic

Marcus Wadsak ist Meteorologe sowie Radio- und Fernsehmoderator. Nach dem Studium der Meteorologie an der Universität Wien kam er zum ORF, war jahrelang Wetter-Anchor im Ö3-Wecker, moderiert seit 2004 das ZiB-Wetter und leitet seit 2012 die ORF-Wetterredaktion. 2019 wurde er zum Journalisten des Jahres in der Kategorie Wissenschaft gewählt. Er ist Gründungsmitglied von Climate without Borders.

Impressum

Bibliografische Information der Deutschen Nationalbibliothek
Die Deutsche Nationalbibliothek verzeichnet diese Publikation in der Deutschen Nationalbibliografie; detaillierte bibliografische Daten sind im Internet über http://dnb.d-nb.de abrufbar.

2. Auflage 2020
© 2020 by Braumüller GmbH
Servitengasse 5, A-1090 Wien
www.braumueller.at

Cover: Porträt: © Daniela Klemencic, Hintergrund: shutterstock/ © lavizzara; Rückseite: Bildleiste v.l.n.r.: © Ines Flattinger, shutterstock/© Juergen Faelchle, © NOAA
Druck: Buch Theiss GmbH, A-9431 St. Stefan im Lavanttal
ISBN 978-3-99100-303-8